AF836964

Beate Forsbach & Conny Lobe

Spaziergänge

mit Frieda

Beate Forsbach & Conny Lobe

Spaziergänge mit Frieda

Gemeinsam entdecken wir unsere Welt

Edition Forsbach

Bibliografische Information der Deutschen Nationalbibliothek
Die Deutsche Nationalbibliothek verzeichnet diese Publikation in der Deutschen Nationalbibliografie; detaillierte bibliografische Daten sind im Internet über http://dnb.dnb.de abrufbar.

Edition Forsbach
Hundebücher mit Herz

www.edition-forsbach.de

Hundebücher mit Herz: Band 4

Printed in Germany
ISBN 978-3-95904-266-6 (Print)

Prolog

Es gibt Wege, die man nicht plant – Wege, die einen finden.

Man geht sie Schritt für Schritt, mit offenem Herzen,
mit Vertrauen, mit einem Wesen an der Seite,
das nicht redet und doch alles versteht.

So sind die Spaziergänge mit Frieda für mich zu mehr geworden
als nur Bewegung an der frischen Luft.

Sie wurden zu einem Weg zu mir selbst – zu innerer Ruhe,
zu Freude, zu einem tieferen Ja zum Leben.

Dr. Beate Forsbach (*1952)

Inhalt

Unsere Glückskarte 2025

Beate & Frieda am 20. Mai 2025

Vorwort

Als ich Frieda in mein Leben holte, war ich siebzig Jahre alt – ein Alter, in dem viele Menschen glauben, es sei zu spät für große Veränderungen.

Ich aber habe gelernt, dass das Leben immer wieder Überraschungen bereithält – und dass es nie zu spät ist, noch einmal neu anzufangen. Und vor allem, dass man „zu alt" erst dann ist, wenn man sich nicht mehr verändern möchte und einem der Lebensmut abhanden gekommen ist.

Frieda, ein quirliger Bernersennenwelpe, brachte frischen Wind in meinen Alltag – und zwar mehr, als ich erwartet hatte. Nach dem Verlust meiner geliebten Seelenhündin Senta hatte ich mir so sehr gewünscht, sie noch einmal bei mir zu haben.

Doch das Leben schenkte mir Frieda – anders, eigenwillig, temperamentvoll und voller Lebensfreude. Anfangs fiel es mir nicht leicht, mich auf diesen neuen Hund einzulassen. Zu groß war der Schmerz um Senta, zu stark die Erinnerung an das, was gewesen war.

Doch Frieda zeigte mir, dass Liebe immer wieder neu entstehen kann. Sie brachte mich dazu, mich zu öffnen, Altes loszulassen und Neues zu wagen. Mit ihr begann eine Zeit des Lernens – für uns beide. Ich musste Geduld lernen, Konsequenz, Vertrauen und Gelassenheit. Und Frieda lernte, sich zu orientieren, zu führen und geführt zu werden.

Gerade im Alter kann Veränderung eine Herausforderung sein. Aber ich habe erfahren: Wenn man sie annimmt, kann sie zu einer Quelle tiefer Freude und Lebendigkeit werden. Frieda hat mir gezeigt, dass jeder Tag eine Einladung ist, die Welt neu zu entdecken – mit wachen Sinnen, offenem Herzen und der Bereitschaft, auch Umwege zu gehen.

Dieses Buch erzählt von unseren Spaziergängen, unseren Erlebnissen und den vielen kleinen Wundern, die wir gemeinsam erlebt haben.

Es ist eine Geschichte über Vertrauen, Mut, innere Stärke – und darüber, dass ein Neuanfang in jedem Alter möglich ist.

Beate Forsbach
mit Frieda, meiner Gefährtin auf vier Pfoten

Einleitung

Liebe Leserin, lieber Leser,

als Frieda in mein Leben kam, war ich eigentlich gar nicht so sicher, ob das Kapitel „Hund im Haus“ nicht schon längst abgeschlossen war. Meine Seelenhündin Senta war im Februar 2022 gegangen, und mit ihr schien ein wichtiger Teil meines Lebens zu Ende.

Ich hatte schon im November 2021 viele Freunde zu meinem 70. Geburtstag am 20. Mai 2022 eingeladen – natürlich durften sie ihre Hunde mitbringen. Doch nur eine Freundin kam mit Hund. Zwei liebe Freunde wünschten mir ein glückliches neues Lebensjahrzehnt – hoffentlich mit einem Hund. Sie hätten mir am liebsten gleich einen Hund geschenkt.

Doch das Leben schreibt seine eigenen Geschichten. Es schenkt uns oft genau das, was wir brauchen – auch wenn wir es gar nicht erwarten. So kam Frieda zu mir: lebhaft, neugierig, stur, voller Energie und Lebensfreude.

Vier Wochen nach meinem Geburtstag, einen Tag, bevor ich zum ersten Mal allein in mein Lieblingshotel Armentarola in den Dolomiten reisen wollte, entdeckte ich zufällig auf Facebook eine Wurfanzeige – und lernte Frauke Daerr, die Züchterin aus Delingsdorf in Ostholstein kennen. Vom ersten Moment an hatte sie keinen Zweifel, dass ich auch mit 70 Jahren noch einen Welpen großziehen könnte.

Zwischen uns entstand sofort Sympathie und gegenseitiger Respekt. Sie träumte davon, einmal ein Buch zu schreiben, und ich bewunderte ihre hingebungsvolle Arbeit als Züchterin auf ihrem Hof.

Schon am ersten Abend unseres Kennenlernens sagte Frauke Daerr: Dein Buch *Senta & ich. Vom Glück des Lebens mit einem Hund* endet mit dem Kapitel *Und dann kam Frieda*. Und so geschah es. Das Buch erschien erst ein Jahr, nachdem Frieda bei mir eingezogen war.

Die ersten Monate mit Frieda waren turbulent und herausfordernd – und voller kleiner Wunder. Gemeinsam mit Frauke schrieb ich darüber, insbesondere für ältere Menschen, in meinem Buch *Und dann kam Frieda. Ein etwas anderes Welpenbuch*, das eigentlich mit Friedas fünfzehntem Lebensmonat enden sollte.

Doch nach einem Fotoshooting im Oktober 2023 im Bamberger Hain und im Hauptsmoorwald spürte ich: Unsere Geschichte war noch lange nicht zu Ende. Ich gestaltete ein neues Buchcover für die Fortsetzung *Spaziergänge mit Frieda. Ein Junghund erobert die Welt.*

Und tatsächlich begann im Januar 2024 eine neue, aufregende Zeit – voller Begegnungen, Lernprozesse und Herzensmomente. Ich erkannte, dass es nicht nur darum ging, Frieda zu erziehen – sondern mich selbst weiterzuentwickeln, mein Mindset zu verändern und unser gemeinsames Leben bewusst zu gestalten.

Ich fragte mich oft, ob ich anderen älteren, alleinstehenden Frauen wirklich empfehlen könnte, einen Berner Sennenwelpen großzuziehen – vor allem, wenn sie, so wie ich, in einer Etagenwohnung leben. Doch Frieda lehrte mich, dass Mut, Liebe und Vertrauen wichtiger sind als perfekte Umstände.

Ehe du also in der schwierigen Zeit der Pubertät deines Hundes den Mut verlierst, möchte ich dir mit meiner Geschichte zeigen: Es lohnt sich, dranzubleiben. Jeder gemeinsame Schritt, jede Herausforderung, jedes Missverständnis kann der Beginn einer tieferen Verbindung sein.

Deshalb greife ich auch einige Episoden aus dem Welpenbuch wieder auf – und zeige, was danach geschah. Denn unser Weg war weit mehr als Training oder Spaziergänge. Es war eine Reise – zu innerer Stärke, Vertrauen und einem neuen Lebensgefühl.

Wir machen es aus eigener Kraft

Dieser Satz wurde zu meinem Leitspruch. Gegen viele gut gemeinte Ratschläge entschied ich, Frieda und mich selbst zu führen – so, wie wir sind. Nach der Methode von *José Arce* begann ich, den *strukturierten Spaziergang* zu üben: nicht nur als Training, sondern als Weg zu Ruhe, Klarheit und Verbundenheit. Schritt für Schritt veränderte sich nicht nur Friedas Verhalten, sondern auch mein Denken. Ich lernte, loszulassen, geduldiger zu sein, Grenzen zu setzen – und das Leben wieder mit Staunen zu betrachten.

Unsere Spaziergänge wurden zu Lektionen des Lebens – im Wald, am Meer, in den Bergen. Besonders nach meinem Sturz, als ich körperlich eingeschränkt war, zeigte Frieda mir, was wahre Stärke bedeutet. Sie lernte, auf mich zu achten, langsamer zu werden – und blieb doch voller Lebensfreude. In dieser Zeit wurde auch ihre Hundepatentante Conny eine wichtige Begleiterin: eine starke Autorität für Frieda und eine wertvolle Freundin für mich.

Heute weiß ich: ***Älter werden bedeutet nicht, nachzulassen – sondern tiefer zu wachsen.*** Mit Frieda an meiner Seite habe ich eine neue Welt entdeckt, eine Welt voller kleiner Wunder, Erkenntnisse und Liebe.

Dieses Buch erzählt von unseren Spaziergängen, von Begegnungen mit Menschen und Hunden, und davon, wie sich das Leben verändert, wenn man bereit ist, jeden Tag neu zu entdecken. Es sollte am heutigen Tag enden – nach einem friedlichen und harmonischen Spaziergang mit Frieda im herbstlich bunten Wald. Aber dann gab es doch noch einen Nachtrag …

Ich wünsche dir viel Freude beim Lesen – und Mut, dich auf deine ganz persönliche Reise mit deinem Hund, mit dem Leben und mit dir selbst einzulassen.

Deine Beate Forsbach Bamberg, 13. Oktober 2025

Conny stellt sich vor: Ich bin ja „nur“ die Patentante

Nachdem Beates geliebte Berner Sennenhündin Senta gestorben war, fragte sie mich eines Tages: „Wenn ich mir irgendwann wieder einen Berner hole – könntest du dir vorstellen, Patentante für meinen neuen Hund zu sein?“

Ich freute mich sehr: „Natürlich. Sehr gern.”

Es dauerte eine Weile, die richtige Züchterin zu finden. Doch bei Frauke passte einfach alles – ihre Ruhe, ihre Erfahrung, das liebevolle Umfeld für die Hunde. So war klar: Von hier sollte Beates neues Welpenmädchen kommen.

Bisher hatte ich Frieda, so sollte Beates neue Begleiterin heißen, nur auf Fotos gesehen. Doch dann war es soweit – Frieda war nun alt genug, dass sie in ihr neues Heim umziehen konnte. So machten wir uns auf den weiten Weg von Bamberg nach Schleswig-Holstein.

Bei Frauke angekommen, erwartete uns ein lebendiges Rudel von Berner Sennenhunden – ältere, jüngere und vor allem viele Welpen. Überall wedelten Schwänze, neugierige Augen folgten uns.

Inmitten des Gewusels entdeckten wir Frieda: frech, aufmerksam und gut von den anderen zu unterscheiden, da sie viele süße Sommersprossen auf ihrem Näschen hatte.

Als Beate sie schließlich in den Arm nahm, war sie ganz zutraulich und schaute uns mit großen Augen an.

„Na, mein kleines Mädchen, bist du bereit für dein neues Zuhause?“, fragte Beate.

Nach den nötigen Formalitäten machten wir uns auf den Heimweg. Beate saß am Steuer, ich auf dem Beifahrersitz.

Und Frieda? Sie hatte sich im Fußraum bei mir zusammengerollt, kuschelte sich dicht an mich und blieb ganz ruhig.

„Sie ist so brav", freuten wir uns.

An einer Raststätte hielten wir für den ersten kurzen Ausflug.

„Na, Frieda, bereit für dein erstes Abenteuer?", fragte ich, als Beate die Tür öffnete.

Frieda tapste vorsichtig hinaus, schnupperte alles neugierig ab – Gras, Autos, Menschen, andere Hunde. Dann hockte sie sich hin – und machte ihr erstes Pipi außerhalb in neuer Umgebung.

Beate lachte: „Sie weiß gar nicht, wohin zuerst!"

Zuhause angekommen, erkundete Frieda ihr neues Reich. Raum für Raum, Ecke für Ecke, alles wurde beschnüffelt.

Schließlich suchte sie sich ein gemütliches Plätzchen, rollte sich zusammen und schlief ruhig ein.

„Endlich angekommen", freuten wir uns.

„Ja … und alles lief so problemlos ab."

Ich verließ die beiden, die sich nun in Ruhe kennenlernen mussten – auf dem Weg, einander zu vertrauen und gemeinsam ihre ersten Abenteuer zu erleben.

Erste Spaziergänge und Abenteuer

Dein Welpe möchte mit dir die Welt entdecken, er würde dich am liebsten überallhin begleiten. Was liegt also näher, als genau dieselben Wege zu gehen, die du mit deinem alten Hund immer gegangen bist? So dachte ich jedenfalls, als Frieda bei mir eingezogen war.

In der ersten Woche ging ich mit ihr durch den Vorgarten zu einer Wiese neben dem Nachbarhaus. Dort übten wir „Komm“: Ich ging ein Stückchen weg und dann rannte sie auf mich zu. Später ging ich mit ihr dann über den Bürgersteig dorthin.

Wir wohnen in einer ziemlich ruhigen Straße, aber die mündet in eine vielbefahrene Straße, die man überqueren muss, wenn man zur Promenade am Kanalufer will. Das war vielleicht kein besonders guter Weg für den Anfang, sie hatte damit wohl einigen Stress und blieb immer wieder sitzen.

Vor unserer Haustür setzte sie sich stets erst einmal hin und schaute sich die Gegend an, bevor wir überhaupt losgehen konnten. Denn ein Welpe muss erst einmal alles kennenlernen, was ihn außerhalb der Wohnung erwartet: Viele Menschen, die nicht immer freundlich sind, Autos, Fahrräder, Motorräder und auch viele andere Hunde.

Und so führte ich Frieda jeden Tag einige Male über die große Straße hin zum Kanalufer, wo ich sie auf einer großen Wiese laufen ließ. Wir übten weiter „Komm“ und sie traute sich bald, ihr Geschäft auf der Wiese zu machen und sogar drei Stufen hochzuklettern.

José Arce nennt den gemeinsamen Spaziergang „Quality-Time für die Mensch-Hund-Beziehung“. Er sagt, dass ein Garten eigentlich überbewertet wird, da sich der Mensch ja dort nicht mit dem Hund beschäftigt. Denn der Welpe möchte doch die Welt seines Menschen entdecken und etwas mit ihm unternehmen.

Also zog ich mit Frieda auf all den Wegen los, die ich von Senta gewohnt war. Zunächst immer an der Promenade entlang, wo wir auf eine andere größere Wiese kamen. Auch hier durfte Frieda herumlaufen, aber es gab Passanten, die das störte. Auf der Promenade konnten wir bis in den Bamberger Hain gehen, das ist ein wundervoller Landschaftspark angrenzend an die Innenstadt. Hier ging ich mit Frieda auf meinen Lieblingswegen, die ich mit Senta immer gegangen war.

Conny erzählt: Der erste Spaziergang zu dritt

Knapp drei Wochen waren vergangen, seit Frieda bei Beate eingezogen war. Und heute stand der erste Tierarztbesuch an. Beate hatte mich gefragt, ob ich sie begleiten wolle. Sie hatte extra einen roten Bollerwagen besorgt, weil sie sich unsicher war, ob Frieda die Strecke schon laufen sollte.

Als ich zu Beate kam, wurde ich von Klein-Frieda freudig begrüßt. Sie tapste aufgeregt um mich herum, schnupperte an meiner Jacke und wedelte mit dem Schwänzchen. „Na, bereit für deinen ersten Tierarztbesuch?“

Frieda setzte sich brav in den Wagen und betrachtete neugierig ihre Umgebung.

Beim Tierarzt verlief alles bestens – Frieda wurde gründlich untersucht, wog das richtige Gewicht, sie war kerngesund. Erleichtert und ein wenig stolz machten wir uns auf den Heimweg.

Wir wollten Frieda wieder in den Wagen setzen, doch wir hatten die Rechnung ohne Friedalein gemacht, denn sie wollte laufen. „Die Anschaffung des Wagens war wohl unnötig“, lachte Beate. „Den kriegen wir schon wieder los!” Also nahmen wir unseren Welpen an die Leine und Frieda lief fröhlich los.

Das war unser erster Spaziergang zu dritt – von der Praxis zurück zu Beates Wohnung. Ich durfte Frieda führen, und sie schnupperte an jedem Busch und allem, was auf dem Boden lag. Sie machte kleine Hüpfer, schnüffelte und tapste immer wieder neugierig voraus. „Schau, Conny, jetzt läuft die Kleine schon an der Leine“, freute sich Beate.

Es war ein kleiner, aber besonderer Moment: Knapp zwölf Wochen alt, und schon erkundete Frieda mutig die Welt – Hand in Pfote, Herz an Herz, zu dritt auf unserem allerersten Spaziergang nach Hause.

Spaziergänge im Bamberger Hain

Ab Mitte Oktober fuhr ich jeden Mittag mit Frieda in den Hain, wir liefen zusammen mit der Leine, und auf einer bestimmten Wiese durfte sie frei laufen und ihr Geschäft dann im Gebüsch machen.

Diese Wochen waren wundervoll, bis zum zweiten Weihnachtstag, als sehr viele ältere Damen im Hain spazieren gingen und ich das Gefühl hatte, dass Frieda nun doch etwas zu wild war. Ich merkte zum ersten Mal sehr deutlich, dass ein „rasender" schwarzer Welpe anderen Menschen Angst machen konnte.

Wir entdecken den Wald

Kurz vor Weihnachten hatte ich Frieda mal zu meiner Steuerberaterin mitgenommen, die außerhalb von Bamberg wohnt. Dorthin fuhren wir durch ein riesiges Waldgebiet, den Hauptsmoorwald, in dem ich immer mal mit Senta spazieren gehen wollte. Aber die mochte ja nicht gerne Auto fahren, insofern waren wir dort nie gewesen. Ich erinnere mich noch genau an den frostigen Vormittag, als wir das erste Mal „verzaubert" dort durch Wald gingen.

Fortan fuhren wir immer wieder zum Hauptsmoorwald und probierten dort verschiedene Wege aus. Oft erlebten wir kleine Abenteuer: Zu Beginn gingen wir auf einem schmalen asphaltierten Weg, doch da kamen uns immer öfter rasende Fahrradfahrer entgegen oder überholten uns.

An einem Weg gab es einen dunklen Teich, der Frieda magisch anzog. Ich war mir nicht sicher, ob das ein Abwasserbecken war und lockte sie immer mit Käsewürfeln daran vorbei. Bis zu dem Tag, als sie hinein sprang, um das kühle Nass zu erforschen. Leider bekam sie danach eine Bindehautentzündung und ich lernte, dass man im Wald niemals in stehenden Gewässern baden sollte. So war dieser Weg dann bald tabu.

Am Fichtelsee

Im Dezember 2022 fuhren wir für eine kurze Auszeit in ein Hotel im tief verschneiten Fichtelgebirge. Wir machten tolle Spaziergänge im Schnee rund um den Fichtelsee. Inzwischen konnte Frieda schon ganz gut an der Leine laufen, war aber auch übermütig, wenn ich sie losließ. Doch dazu später.

Bei unserem ersten Spaziergang am Seeufer entlang ließ ich Frieda frei laufen und bekam gleich einen gehörigen Schreck, weil sie unbekümmert auf die verschneite Eisfläche hinauslief. So gingen wir dann doch an der Leine weiter, denn es waren viele Ausflügler unterwegs, mit Kindern und Hunden. Am Hotel gab es einen romantischen kleinen Weihnachtsmarkt – sogar der Weihnachtsmann kam zu Besuch. Und Frieda schaute sich alles interessiert an.

Spät am Abend gingen wir noch mal in die Winternacht hinaus und Frieda lernte, dass man auch im Schnee sein Geschäft erledigen kann. Sie schlief brav auf ihrem Vetbed unter dem Tisch, weckte mich dann aber ziemlich früh am nächsten Morgen. Und weil das Hotelbett viel niedriger war als mein Bett zu Hause, versuchte sie auch, hineinzuklettern.

Aber ich stand auf und wir erlebten einen wunderschönen Morgenspaziergang um den verschneiten See herum. Der Mond schien noch, es war eiskalt – weniger als -9 Grad. Die Landschaft hatte uns verzaubert, und mir kam das Lied *Leise rieselt der Schnee* in den Sinn: „Leise rieselt der Schnee, still und starr liegt der See. Weihnachtlich glänzet der Wald: Freue dich, Christkind kommt bald.“ Erfüllt von dieser Morgenstimmung fuhren wir nach Bamberg zurück.

Der Bruch

Am 7. Januar 2023 wurde Frieda ein halbes Jahr alt – sie war nun ein kesser, aber immer noch lieber und liebenswürdiger Teenager. Die Kuschelzeit war endgültig vorbei und es war hier sehr unruhig, als wir mit einem Gläschen Sekt auf Friedas Halbjahresgeburtstag anstießen.

Und zwei Tage später, am 9. Januar 2023, geschah es: Ich verwickelte mich bei einer Hundebegegnung in die Leine, stürzte und brach mir den linken Ringfinger – es war ein sehr komplizierter Bruch, wie sich am nächsten Tag herausstellte. Noch viele Monate hat mich dieser Sturz fast wie ein Trauma begleitet und beeinflusst, weil ich mit dem Kopf über dem Abgrund zum Kanalufer lag. Wie leicht hätte ich da hinunterrutschen können! Eine Passantin half mir dann und brachte mich mit Frieda nach Hause.

Es hat sechs Wochen gedauert, bis die Schmerzen nachließen und die Heilung begann. Am Tag nach dem Unfall fiel meine „Notlösung" für solche Fälle aus – die Hundepatentante Conny lag krank im Bett und Frieda war allein zu Hause. Noch schlimmer aber war es, dass ich mit dem eingegipsten Arm nicht mit ihr Gassi gehen konnte. Zum Glück sprang meine Nachbarin mit ihrem Hund ein und nahm Frieda mit auf die gemeinsamen Spaziergänge – das konnte aber keine Dauerlösung für Wochen sein.

So machte ich am nächsten Tag einen Aufruf auf Facebook – und fand viele hilfsbereite Menschen, die mit Frieda Gassi gehen wollten. Schließlich habe ich mit sechs Personen einen Terminplan vereinbart, das Ganze in einer WhatsApp-Gruppe organisiert, und fortan wurde Frieda fast vier Wochen lang jeden Morgen um 8.30 Uhr, mittags um 13 Uhr und abends um 20 Uhr abgeholt und dann nach 30-60 Minuten wieder zurückgebracht.

Du kannst dir sicher vorstellen, dass das nicht ganz einfach war – die Gassigänger waren voll gefordert, Frieda war verunsichert durch so viele Personen, und ich versuchte, das zu Hause zu kompensieren. Denn die Beziehung zwischen Hund und Frauchen wird ja entscheidend bei den gemeinsamen Spaziergängen entwickelt und gestärkt. Ich kaufte ein paar Spiele, die aber nicht so toll bei Frieda ankamen. Nur mit einem Leckerlispiel und einem Schnüffelteppich beschäftigte sie sich noch eine Zeitlang.

Dann wurde es noch einmal richtig Winter. Einer der Gassigänger war gestresst und schlug vor, Frieda zu Frauke nach Delingsdorf zu bringen, die aber davon abriet. Denn gerade in der jetzt beginnenden Pubertät sollte Frieda doch in ihrer gewohnten Umgebung bleiben. Ich engagierte eine Hundetrainerin, die ein Video aufnahm, um den Gassigängern zu zeigen, wie sie am besten mit Frieda umgehen könnten.

Und Conny stieg schließlich aus – sie meinte, sie wäre bisher immer nur mit Hunden spazieren gegangen, die bereits erzogen waren. Und ich war und bin der Meinung, dass die Erziehung beim Spazierengehen stattfindet. Auch bin ich mit José Arce der Meinung, dass der Spaziergang nicht erst im Park beginnt, nicht auf dem Weg dorthin und auch nicht vor der Haustür. Er beginnt bereits zu Hause, wenn man den Hund in aller Ruhe anleint. Denn die Aufregung vor dem Spaziergang bestimmt in der Regel dann auch den Spaziergang. So habe ich es von José Arce gelernt, der sagt, ein Welpe muss nicht unbedingt in die Hundeschule, denn genau wie in der Natur findet das Lernen im alltäglichen Miteinander statt. Nur durch den gemeinsamen Alltag kann der Welpe zu einem souveränen Hund heranwachsen (Arce 2017, S. 111) An einem Sonntag stellten Conny und ich fest, dass wir uns eine Zeitlang trennen wollten.

Wir hatten Glück, denn eine Studentin aus der Gassigängergruppe war mit Berner Sennenhunden aufgewachsen und ganz verliebt in Frieda. Sie nahm sie mit in die Stadt, in ein Restaurant und schließlich auch mit nach Hause. Auch ihr Freund liebte Frieda und so durfte Frieda immer wieder mal für zwei Tage dorthin und kam stets glücklich und ausgeglichen nach Hause. Und ich konnte mich dann ein wenig erholen. Eines Tages aber kam Frieda aus heiterem Himmel schon früher als geplant wieder nach Hause. So kam es erst gar nicht dazu, dass Frieda neue Lieblingstante länger in unserem Leben blieb.

Conny erzählt: Funkstille

Frieda wuchs heran. Und immer, wenn ich mein „Patenkind" besuchte, hatte sie sich schon wieder weiterentwickelt und neue Dinge hinzugelernt.

Eines Tages bekam ich einen Anruf von einer aufgewühlten Beate. Ihre Stimme zitterte: „Conny, ich hatte einen Unfall … ich habe mir den Finger gebrochen. Kannst du mir helfen?" „Ja klar, helfe ich dir! Was ist denn passiert?"

„Es ist alles so blöd gelaufen, ich habe mich beim Gassigehen in der Leine verheddert, Frieda ist davongerannt und so habe ich mir den Finger gebrochen. Ich habe Schmerzen. Aber das Schlimmste ist: Ich kann nicht mal die Hundeleine halten. Wer soll denn jetzt mit Frieda rausgehen?"

Ihre Sorge um die kleine Frieda war deutlich in ihrer Stimme zu hören.

Ich machte mich sofort auf den Weg. Als ich zu ihr kam, versuchte ich sie zu beruhigen und überlegte, wie wir die Situation lösen könnten. „Wir suchen einfach Gassigänger für Frieda“, schlug ich vor. Beate seufzte. „Ja, aber wen? Ich kenne hier doch kaum jemanden! Und Frieda ist bisher nur mit mir und ab und zu mit dir rausgegangen.” „Keine Sorge, bestimmt finden wir über Facebook oder nebenan.de ein paar hundeliebende Menschen. Es wird schon …”, antwortete ich.

Gesagt, getan. Nach und nach entstand so ein kleines Netzwerk. Frieda wurde von nun an von mir und anderen Hundefreunden mehr oder weniger „erfolgreich” zu ihren Gassirunden ausgeführt.

Aber es war nicht so einfach, denn Frieda hatte sich verändert – aus dem süßen Welpen war mittlerweile ein richtiger Teenager geworden. Und sie verhielt sich auch so: frech, aufmüpfig, selbstbewusst, vor allem aber stur und meist „taub”. Vieles, das sie bereits gelernt hatte und beherrschte, hatte sie – wie es sich für Teenager gehört – einfach „vergessen”.

So wurde jeder Spaziergang zu einer echten Herausforderung: Schon das Abholen aus Beates Wohnung war anstrengend. „Conny, du musst das anders machen”, belehrte mich Beate oft, als Frieda wild mit dem Geschirr kämpfte. „Frieda, komm, lass das Geschirr an!“, versuchte ich zu beruhigen, während ich sie festhielt. Doch sie hörte nicht. Stattdessen sprang sie an mir hoch oder versuchte, uns auszutricksen. Beate stand daneben, schüttelte den Kopf und seufzte: „Ich weiß auch nicht, wie ich dir helfen soll …” „Ich auch nicht!“, rief ich fast verzweifelt. „Sie ist ja so stark!”

Und auch draußen war sie kaum zu bändigen: Sie biss ständig in die Leine, sprang an mir hoch und jagte jedem Geräusch hinterher. Seltsamerweise schien das vor allem bei mir so zu sein – die anderen Dogwalker kamen anscheinend besser mit ihr zurecht.

Tatsächlich war ich mit den Nerven am Ende, wenn ich sie nach den anstrengenden Spaziergängen wieder zu Hause ablieferte. „Danke, dass du sie gebracht hast", sagte Beate vorsichtig. „Kein Problem, aber ehrlich gesagt, ich bin fix und fertig", antwortete ich oft.

Gleichzeitig bekam ich immer mehr Konflikte mit Beate, weil wir unterschiedliche Vorstellungen hatten, wie Frieda zu führen war. „Conny, ich finde, du kannst einfach nicht mit ihr umgehen!", sagte Beate eines Abends zu mir. Das machte mich sprachlos. So etwas hatte mir noch niemand vorgeworfen – bisher war ich mit jedem Vierbeiner wunderbar klargekommen. Ich wusste nicht, was ich sagen sollte, so sehr traf mich ihre Kritik.

Deshalb gab es für mich nur eine Konsequenz: Ich musste eine kleine Frieda-Pause einlegen. Zwar hatte ich ein schlechtes Gewissen, da ich als Patin eine Verpflichtung eingegangen war und mich für Frieda verantwortlich fühlte. Andererseits fühlte sich die gesamte Situation nicht gut an. Deshalb herrschte nach diesen wenig netten Worten zwischen Beate und mir erstmal „Funkstille".

Es war eine schwierige Zeit für alle Beteiligten – voller Sorge, Enttäuschung und dem Gefühl, versagt zu haben. Gleichzeitig zeigte mir diese Erfahrung, wie herausfordernd es sein kann, einem lebhaften Teenager-Hund gerecht zu werden.

Frühling – Geburtstage

Nach vier Wochen mit den Gassigängern ging ich wieder selbst mit Frieda spazieren. Das war zunächst nicht ganz einfach, aber ich war ganz sicher, dass wir bald ein „Dreamteam" werden würden.

Wir haben die ersten Frühlingsblumen im Hain bestaunt, und dann fuhr ich oft mit Frieda in den Wald, wo wir schöne Spaziergänge machten.

Eines Tages trafen wir hier bei uns im Viertel eine Nachbarin, die mir den Waldparkplatz am Eingang zur Fränkischen Toskana empfahl. Sie hatte einen Mini Australien Shepherd, und mochte auch nicht mehr mit ihm in den Hain gehen, vor allem, weil dort vom 1. März bis 31. Juli Leinenpflicht herrschte. Im Botanischen Garten und am Hainweiher gilt die Anleinpflicht das ganze Jahr über.

Und so entdeckten wir dann irgendwann im Frühjahr 2023 den Hauptsmoorwald rund um die Hubertusquelle.

An meinem 71. Geburtstag am 20. Mai 2023 hatte ich mein Wunschgewicht von 68 kg erreicht, nachdem ich im Juli 2022 meine Ernährung umgestellt hatte. Und als Frieda dann am 8. September 2022 zu mir kam, hatte ich viel Bewegung und noch mehr Lebensfreude, so dass ich in den wenigen Monaten rund 18 kg abgenommen hatte. Dieses Foto vor der Villa Concodia im Hain wurde dann das Coverfoto für mein Buch *Leichter leben,* das im Oktober 2025 erschienen ist.

Frieda war inzwischen eine stattliche, schöne und selbstvewusste Hündin geworden. Als ich sie am 18. April 2023 fotografierte, schien es mit einem Mal, dass sie erwachsen geworden wäre. Das war der Tag, an dem ich ihre erste Läufigkeit bemerkte. So einen Gesichtsausdruck hatte ich bisher noch nie bei ihr gesehen. Mit diesem Foto wurde sie dann auch unser Verlagsmaskottchen – als würdige Nachfolgerin meiner lieben Seelenhündin Senta.

Frieda, 10 Monate alt – am 7. Mai 2023

An jedem Monatsgeburtstag, also immer am 7. des Monats, machte ich ein Foto von Frieda, postete das auf Facebook – und schickte auch immer einen Gruß an Friedas Hundepatentante Conny.

Denn es tat mir leid, dass wir uns getrennt hatten, auch wenn das zu dem Zeitpunkt die beste Lösung gewesen war. Doch ich hoffte, dass diese Trennung nicht für immer sein würde.

So lud ich Conny zu Friedas erstem Geburtstag am 7. Juli 2023 ein.

Conny erzählt: Erste Annäherung

Nach einigen Monaten der Funkstille, in denen ich nur über Facebook die Entwicklung von Frieda verfolgt hatte, kam es langsam zu einer Annäherung zwischen Beate und mir. Schließlich lud sie mich ein, den ersten Geburtstag meines „Patenkindes" gemeinsam zu feiern.

Und dann sah ich Frieda das erste Mal wieder „live" – und konnte es kaum fassen, was aus dem tapsigen kleinen Fellknäuel geworden war: eine stolze, selbstbewusste Berner Sennenhündin. „Bist du aber groß geworden, meine Kleine!", freute ich mich. Beate strahlte mich voller Stolz an: „Oh ja, groß und frech!"

Danach besuchte ich die beiden wieder öfter, und irgendwann fragte mich Beate: „Conny, wie wär's, möchtest du wieder mal mit Frieda spazieren gehen?" „Klar, sehr gerne. Ich freue mich darauf!"

Zunächst gingen wir nur ein paar kleine Runden durchs Wohngebiet, doch nach und nach wagten wir uns weiter hinaus – in den Hain, den Botanischen Garten, immer gab es etwas Neues zu entdecken.

Frieda war neugierig, aufmerksam und voller Energie, die sich auch an der Hundeleine bemerkbar machte: Ich musste sie gut festhalten, denn sie hatte unglaublich viel Kraft.

Auf unseren Spaziergängen trafen wir natürlich auch andere Hunde. Mal war es ein freundlicher Golden Retriever, der sofort mit Frieda spielen wollte, mal ein kleiner Beagle, der vor Neugier kaum stillstehen konnte. Frieda reagierte unterschiedlich auf die Vierbeiner: Manchmal beschnupperte sie sie vorsichtig, manchmal sprang sie voller Freude herum, als wolle sie sie zum Spielen herausfordern.

Eines war allerdings interessanter als jeder andere Hund: Tempotaschentücher, die leider überall auf dem Boden herumlagen – für Frieda schienen sie eine Art magisches Spielzeug zu sein. Sobald sie eines erblickte, war sie kaum zu halten.

Nach unseren Runden in der Natur setzten wir drei uns gerne zusammen. Frieda kuschelte sich zu meinen Füßen und ließ sich wohlig kraulen. Beate erzählte von ihren Waldspaziergängen – von Friedas Fortschritten, von Begegnungen mit anderen Hunden, von den kleinen und großen Momenten des Alltags.

Natürlich sprachen wir auch über die schwere Zeit und unseren Bruch. Wir lächelten beide, erleichtert darüber, dass wir uns wieder nähergekommen waren. Ein warmes Gefühl der Verbundenheit erfüllte mich, während Frieda zufrieden zu unseren Füßen lag.

Das Schreiben von „Und dann kam Frieda“

Mit unserem „etwas anderen Welpenbuch“, das ich gemeinsam mit Friedas Züchterin Frauke schrieb, veränderte sich auch mein Mindset – meine innere Haltung, meine Denkweise und meine Einstellung zum Leben, zu meinem jungen Hund und zu all den Herausforderungen, die damit verbunden waren.

Dieses Foto an Friedas erstem Geburtstag machte Conny von uns: Es zeigt uns beide sehr fröhlich, mutig und optimistisch.

An diesem Tag war mir endgültig klar, dass ich nun mit all den Verhaltensweisen einer pubertierenden Hündin leben müsste. Ich stellte mich darauf ein, dass es noch einige Monate dauern würde, bis Frieda eines Tages ohne Leine ruhig neben mir herläuft, so wie es Senta immer getan hatte. An deren Pubertät konnte ich mich nämlich überhaupt nicht erinnern.

Frieda war mit 15 Monaten nicht so, wie Senta war (oder ich kann mich nicht mehr daran erinnern). Eigentlich war sie brav, aber irgendwann schien sie gar nichts mehr zu können. Sie schien sogar „vergessen“ zu haben, nichts mehr vom Boden aufzunehmen, was vorher schon sicher geklappt hatte. Beim Mittagessen übte ich jeden Tag „Geh auf deinen Platz“ mit wachsendem Erfolg, bis zu dem Tag, als sie mich anschaute, als würde ich chinesisch sprechen. Da wusste ich: Das ist die Pubertät.

Nun liefen und trainierten wir zweimal am Tag im Wald, ich ließ sie bewusst von der Leine, um das Zurückkommen und Wiederanleinen zu üben. Und sie konnte ihre überschüssige Energie abbauen, wenn sie herumraste! Dazwischen gingen wir immer brav entweder „bei Fuß“ an kurzer Leine, oder liefen im Rhythmus nebeneinander, oder ganz entspannt an lockerer Leine. Bis sie wieder einen tollen Ast entdeckte und hinsprang – die Äste, die sie schleppte, wurden immer größer

– eine „Halbstarke“ eben. Ich ging einen Teil der Strecke immer auf den befestigten Wegen, wo sie brav neben mir lief, weil da keine Äste herumlagen.

Begegnungen mit anderen Hunden klappten immer besser, weil ich ruhig blieb bzw. im Stadtviertel manchmal auch die Straßenseite wechselte. Mit dem Besuch einer Hundeschule hatte ich ja schon vor Monaten abgeschlossen – ich übte nach dem Modell „strukturierter Spaziergang“ von José Arce mit ihr – also überwiegend an der Leine gehen und zwischendurch kürzere Phasen des Freilaufs.

Ich wollte erreichen, dass sie eines Tages ohne Leine ruhig neben mir herlief, so wie es bei Senta war. Und das würden wir auch erreichen. Es waren ja noch ein paar Monate, bis sie zwei Jahre alt würde und dann hoffentlich die Pubertät hinter sich hatte.

Bis dahin halfen mir Humor, Durchhaltevermögen, Geduld und eigene Sturheit. Ich nahm mir fest vor, Frieda mit viel Liebe und Konsequenz zu führen und ihre Erziehung in den schwierigen Phasen nicht allzu streng werden zu lassen. In einer Facebook-Gruppe wurden immer wieder Tipps gegeben, einen Trainer zu nehmen oder in eine Hundeschule zu gehen. Aber ich sagte mir, dass die beste Hundeschule diese Entwicklungsphase nicht beeinflussen würde – außerdem hatte ich ja mit dem Gedanken an die Hundeschule abgeschlossen.

Oft dachte ich darüber nach, ob ich als ältere Hundemama mit einer gewissen Gelassenheit vielleicht die besseren Voraussetzungen habe, den pubertierenden Hund durch diese schwierige Lebensphase zu führen. Ich war mir sicher, dass sich Friedas Verhalten irgendwann von ganz alleine wieder normalisieren würde.

Und ich hatte nicht den Ehrgeiz, den besterzogenen Hund im ganzen Viertel auszuführen. Also fuhren wir von nun an regelmäßig ein- bis zweimal täglich in den Wald.

Fotoshooting

Am 7. Oktober 2023, Friedas 15. Monatsgeburtstag, fand das verschobene professionelle Fotoshooting statt. Im Bamberger Hain und im Hauptsmoorwald entstanden viele Fotos zu meiner Positionierung: über 70, aber jung geblieben und naturverbunden, kein Stubenhocker, der Hund „erdet“ mich im wahrsten Sinne des Wortes.

Im Bamberger Hain – Wasser, Luft und Träume

Im Hauptsmoorwald – Erde und Reales

Gegen alle Widerstände

Eigentlich wollte ich das Welpenbuch im Oktober 2023 beenden – ich gestaltete ein Buchcover für einen Fortsetzungsband „Spaziergänge mit Frieda. Ein Junghund erobert die Welt“. Doch im Januar 2024 begann für mich eine aufregende, abenteuerliche und ereignisreiche Zeit, eine Zeit der Spaziergänge und Begegnungen mit Hunden, Menschen und allerlei Fahrzeugen. Und so schrieb ich weiter im Welpenbuch, dann das sollte enden mit einem positiven Bild von meinem Traumhund Frieda.

Wir machen es aus eigener Kraft

Frieda war inzwischen 18 Monate alt und richtig groß geworden. Ihr Gewicht schätzte ich auf etwa 35 kg. In einer Berner Sennengruppe auf Facebook postete ich:

Hallo, ihr Lieben, so oft musste ich schon schmunzeln, wenn ihr sagt: der bleibt angeleint, im Wald nur mit Leine, wenn ein Reh kommt, leine ich ihn an ...

Meine kleine, große Frieda (18 Monate alt), Gewicht ist mir nicht bekannt, aber es könnten ca. 35 kg sein, läuft an sich brav an der Leine. Aber sie hat es sich angewöhnt, dass sie mit einem Ruck losrennt, und dann kann ich sie beim besten Willen nicht halten. Sie kommt stets zurück, nicht immer sofort, und wenn ein anderer Hund in der Nähe ist, läuft sie auch manchmal dorthin. Aber das klappt schon immer besser mit den Begegnungen.

Nun übe ich mit ihr, am Anfang des Spaziergangs ohne Leine zu laufen, weil sie Pipi und Kaki nur im Gebüsch macht. Auch das klappt, weil meist kein anderer Hund da ist.

Habt ihr einen Tipp für mich wegen des Losreißens? Heute hat sie das auch in der Stadt gemacht – sie ist ziemlich übermütig durch den vielen Schnee.

Darauf bekam ich die unterschiedlichsten Antworten – so auch den Hinweis auf ein „Halti“, den ich etwas „gruselig“ fand. Das ist ein ganz besonderes Geschirr, ähnlich wie ein Pferdehalfter. Ich habe gegoogelt, es scheint umstritten zu sein, ev. sogar verboten, eine Frau nannte das „Tierquälerei“.

Nun, dann ist es nichts für mich – und der Hinweis auf die Schleppleine war auch kontraproduktiv, denn die Kraft verstärkt sich ja durch die Länge der Leine.

Inzwischen gab es noch mehr Kommentare zu meinem Post: Da warnte jemand vor Wildschweinen und Wölfen, und dass der Jäger den Hund erschießen könnte. Und in mehreren Kommentaren wurde mir geraten, auf jeden Fall einen Hundetrainer zu nehmen.

Nun, ich hatte schon mal von einer anderen Hundebesitzerin gehört, dass es dort im Wald Wildschweine geben soll. Wir laufen allerdings meist ziemlich nahe an dem Wanderparkplatz in der Nähe der Autobahn und der Bundesstraße – dort sind stets viele Spaziergänger, meist mit Hund, und auch Reiter unterwegs. Und so habe ich keine Angst vor Wildschweinen.

Ich glaube, dass Wölfe gar nicht in unserer Region vorkommen. Es soll allerdings vor einigen Jahren mal ein Wolf gesichtet worden sein.

Aber ich denke, dass die Verwendung eines Haltis uns dann auch nicht schützen würde. Und so gehe ich mit Zuversicht und Mut weiterhin mit Frieda im Wald spazieren.

Veränderungen

Ich beschloss, einfach einiges zu ändern bei unseren Spaziergängen. Denn viele Verhaltensweisen sind ja Gewohnheiten, die sich manchmal nach kurzer Zeit von selbst ändern. Oder ich verändere etwas an meinem Verhalten, so dass die Hündin ihr Verhalten auch ändert. Also nahm ich mir vor, mit ihr zu üben, damit das Weglaufen weniger wird.

Da auf dem Waldweg, wo wir sonst gehen, Autospuren (!) waren, bog ich ab und ging mit Frieda über einen kleinen Pfad zwischen verschneiten Büschen. Vor dem Fahrweg kehrte ich wieder um – denn da war am Tag zuvor ein Auto gefahren und sie war hinterher gerannt. Auf dem kleinen Pfad ließ ich sie von der Leine, und sie lief fröhlich vor mir her und kam auch wieder zurück.

Und dann, auf dem Waldweg, der ein wenig bergab geht und wo sie mir letzten Sonntag weggelaufen war, sah ich unten an der Wegkreuzung die Berner Sennenhündin Maja samt Frauchen, die fröhlich winkte und Maja an die Leine nahm. Ich sagte zu Frieda, wir bleiben hier, und sie blieb tatsächlich sitzen bei mir. Wir gingen erst weiter, als Maja nicht mehr zu sehen war. Ein erster Erfolg! Wir werden schon noch ein Dreamteam!

Wir kamen ruhig beim Auto an, ich habe sie die ganze Zeit gelobt und ihr erzählt, dass ich möchte, dass wir ein Dreamteam werden.

Es zeigt sich wieder mal die alte Regel, die ich von José Arce gelernt habe: In dem Moment, wenn der Mensch etwas anders macht, ändert sich auch der Hund. Meine Empfehlung lautet daher: Mach einfach mal etwas anders als sonst – gehe einen anderen Weg, meide die Fahrwege, damit es nicht zu einer ungewollten Begegnung mit einem Auto kommt. Und gib nicht auf. Die meisten Probleme lösen sich nicht von heute auf morgen, da musst du etwas Geduld haben.

Dazu kommt, dass der Hund, so wie wir selbst auch, an verschiedenen Tagen unterschiedlich gestimmt ist, bei Hochdruckwetter spüre ich eine ganz andere Energie als an normalen Tagen.

Meine Entscheidung war: Wir machen es aus eigener Kraft. Wir nehmen keine Hilfsmittel wie einen Halti, wir buchen auch keinen Trainer, sondern wir – Frieda und ich – wir verändern unser Verhalten so lange, bis es uns beiden gut geht damit.

Wir nahmen zunächst eine schmale Lederleine, später dann die kräftigere Lederleine, die ich bei Senta immer benutzt hatte. Damit hatte ich ein sichereres Gefühl. Und ich sagte zu Frieda: Das ist unsere Leine – es ist nicht deine und auch nicht meine. Diese Leine ist unsere Verbindung – so wie eine Mutter ihrem Kind die Hand gibt.

Ich habe lange mit Frieda trainiert, an der Leine zu gehen. Nun habe ich versucht, sie loszulassen, so wie früher, vor ihrer ersten Läufigkeit. Aber sie will eigentlich nicht – sie beißt immer in die Leine und hält sie fest. Sie braucht diese Verbindung zu mir, so scheint es mir.

Ja, du kannst es belächeln – aber ich versuche immer, ruhig und souverän zu bleiben, so wie José Arce es empfiehlt. Und ich belohne Frieda mit Leckerli, wenn sie etwas gut gemacht hat. Aber ich locke sie auch mit Leckerli, DAMIT sie etwas gut macht.

Humor, Geduld, Gelassenheit und viele, viele Leckerli machen das Leben mit Frieda erfüllt und lebenswert. Aufregen, schimpfen und strafen würde nur Stress bedeuten und niemandem nützen.

Bis Frieda zwei Jahre alt ist und die Pubertät hoffentlich überstanden hat, wird noch einiges passieren. Ich bin darauf gefasst. Denn ich träume nach wie vor von meiner Traumhündin, mit der ich durch dick und dünn gehen kann. Und dass wir ein Dreamteam werden, das optimal zusammenpasst, überall gerne gesehen wird und viele Freunde hat, die sagen: Da haben sich zwei gesucht und gefunden.

Der strukturierte Spaziergang

Der „strukturierte Spaziergang“ nach José Arce ist ein wichtiges Element seiner Philosophie des harmonischen Zusammenlebens von Mensch und Hund. José Arce betont dabei, dass der Spaziergang weit mehr ist als nur „Gassi gehen“ – er ist eine Form der Kommunikation, Führung und Verbindung zwischen Mensch und Hund.

Ich hatte den strukturierten Spaziergang in einem Seminar bei José Arce im Sommer 2019 kennengelernt, bevor ich mit meiner Berner Sennenhündin Senta (damals 8 Jahre alt) von der Ostseeinsel Fehmarn in die Stadt Bamberg zog.

Als es in diesem Frühjahr 2024 mit Frieda schwieriger wurde, kam ich auf die Idee, eins seiner Seminare zu besuchen. Aber die Angebote, bei denen ich weit fahren und in fremden Hotels hätte übernachten müssen, erschienen mir nicht sehr einladend mit meiner kleinen, wilden Frieda.

Also las ich die Bücher von José Arce, vor allem das Buch „Mensch & Hund“ noch einmal gründlich und versuchte umzusetzen, was ich gelernt hatte. Auf Facebook sah ich dann die Ankündigung eines Seminars in der Nähe von Bamberg für den April 2025 und buchte das, auch für Friedas Hundepatentante Conny. Sie sollte José Arces Methode kennenlernen und sich um Frieda kümmern, falls Frieda während des Seminars nicht in einem Raum mit mehreren anderen Hunden ruhig bleiben konnte.

Als es dann aber ein Jahr später bald so weit war, versuchte ich, das Seminar zu stornieren. Nicht nur wegen einer längeren Grippe-Erkrankung, die Conny und mich lahmgelegt hatte, sondern auch, weil ich das Gefühl hatte, es nicht mehr zu brauchen. Leider war es zu spät, wir sind aber trotzdem nicht zum Seminar gefahren. An die Veranstalterin des Seminars schrieb ich:

Das Seminar wäre vor einem Jahr sehr gut für uns gewesen, aber inzwischen freue ich mich jeden Tag über Friedas Fortschritte bei unseren Spaziergängen im Wald, auch Conny geht wundervoll mit ihr in der Stadt und im Bamberger Hain spazieren.

Ich habe ja Josés Methode vor sechs Jahren im Seminar gelernt, und nun habe ich einfach das, was auch in seinen Büchern steht, umgesetzt – mit wachsendem Erfolg.

Mein zweites Buch ist bereits in Vorbereitung (das ist dieses Buch).

Und hier eine Zusammenfassung zum „strukturierten Spaziergang" von José Arce: Mensch & Hund, Stuttgart 2022, S. 96:

Praktisch sollte der strukturierte Spaziergang so aussehen:
Zuerst lassen Sie Ihren Hund schnuppern und seine Notdurft verrichten. Wenn es dann weitergeht, achten Sie darauf, dass sich ihr Hund auf Sie, seinen Menschen, konzentriert. Er braucht nichts weiter zu tun, als die artgerechte Aufgabe zu erfüllen, Ihr Begleiter zu sein. Dabei kommt es nicht mehr darauf an, schnell einen anderen Platz zu erreichen, an dem sich Ihr Hund austoben soll, nein, es kommt darauf an, dass Sie als Team einen gemeinsamen Weg gehen. Das ist für Ihren Hund anstrengender, als zum Beispiel immer wieder einem Ball nachzurennen oder mit fremden Hunden auf einer Wiese zu toben. Warum? Weil es seinen Kopf auslastet und seiner Natur entspricht. Während er die Aufgabe hat, Sie zu begleiten und an Ihrer Seite zu sein, arbeitet er. So geben Sie Ihrem Hund eine natürliche Aufgabe nach seinem Instinkt. Wenn Sie in Ruhe und mit genügend Zeit ein sicheres Plätzchen gefunden haben, bekommt Ihr Hund nun etwas Zeit zum Herumschnüffeln, Ausruhen oder Spielen. Dort können auch Sie die Ruhe genießen oder sich einfach selbst ausruhen und die Natur beobachten. Die Pause soll nach ausreichend Zeit von Ihnen beendet werden. Sie werden sehen, wie leicht es Ihrem Hund fällt zu verstehen, dass er sich an Ihnen orientieren kann und sich nicht mehr so leicht ablenken lässt. Eine Hilfe des strukturierten Spaziergangs ist zudem, wenn Sie nicht zu oft stehen bleiben. So zeigen Sie Ihrem Hund, dass Sie die Verantwortung für den Spaziergang übernehmen.

Und hier ein Zitat aus: Arce, José: Gassigehen kann so viel mehr sein … (in: Partner Hund, April 2023, S. 17)

Den Spaziergang nach meiner Methode zu strukturieren, bedeutet, dass …

- *der Hund während des geführten Teils des Spaziergangs an der Seite seines Menschen läuft.*

- *der Mensch entscheidet, in welchem Tempo man läuft und wo es langgeht.*

- *der Mensch aufmerksam ist und vorausschauend handelt, um mögliche Konflikte zu vermeiden.*

- *der Mensch sich und seinen Hund als ein Team sieht und beide – Mensch und Hund – Freude am Spaziergang haben und diesen genießen können.*

So weit die Theorie.

Wie es dann bei uns in der Praxis weiterging, erzähle ich in den folgenden Kapiteln.

Erste Fortschritte und Erfolge

Ich schrieb an Frauke Daerr: Heute habe ich mal wieder dein Geschirr genommen – vielleicht geht das besser. Frieda reißt sich zur Zeit öfter mal ruckartig los – heute im Wald haben wir geübt und es ging gut. Wir waren schon 15 Minuten früher am Waldparkplatz, es war nur ein anderes Auto da, in dem jemand saß.

Aber auf dem kleinen Pfad kamen uns zwei Frauen entgegen, ich ging mit Frieda an die Seite, die Frauen gingen vorbei, aber Frieda hüpfte auf die zweite zu, die streng guckte. „Hier kommt uns sonst nie jemand entgegen", sagte ich, „wir üben noch." Mir fiel dein Spruch ein: „Rom ist auch nicht an einem Tag erbaut worden." Ja so ist es. Jeden Tag schaffen wir etwas besser. Wir üben noch, wir sind noch lange nicht perfekt und werden es wohl auch nie sein. Das müssen wir ja auch nicht. Denn wir üben noch.

Frieda hat im Moment die Angewohnheit, dass sie „zack" einen Ruck macht und dann ist sie weg. Und ich kann sie nicht halten. Ich geh mal davon aus, es wird besser, wenn wir üben und üben. Mit einem Halti mache ich das nicht. Es muss schon übers Verhalten gehen, wir üben weiter.

Ich gehe ja nicht mit einem fertigen Hund durch die Stadt, das ist hier auch sehr schwierig bei all den Ablenkungen. Die meisten Leute haben Verständnis, aber es gibt immer mal einen, der kein Verständnis hat. Das ist so, damit muss ich leben, Es wird schon besser mit ihr.

Wir gehen jetzt gleich wieder los, Mittagsrunde, und üben. Bis dann. Und im Wald gab es mal eine Frau, die hat sich aufgeregt, weil Frieda SCHON WIEDER auf sie und ihren Hund zugelaufen kam. Ja, Erziehung passiert eben nicht in wenigen Tagen, und auch wenn Frieda schon „fertig" aussieht, ist sie doch ein junger Hund, der noch viel lernen muss.

Noch mal zu „Wir üben noch". Es ist ja nicht damit getan, EINMAL dem Hund zu bedeuten, dass er das nicht darf, was er macht. Man muss es ÜBEN. Im Praxisbuch von José Arce fand ich diesen Absatz: *„Ums regelmäßige Üben kommen Sie damit aber trotzdem nicht herum. Schließlich hinterlässt das Lernen nur durch ständiges Wiederholen Spuren im Gehirn. Routine ist alles. Das ist bei Ihrem Hund nicht anders als bei Ihnen selbst."* (Arce 2016, S. 42)

Frauke: Ja … du musst immer üben … von einmal können sie es nicht … das stimmt. … wie war das? Rom wurde auch nicht an einem Tag erbaut.

Im Februar fragte jemand in einer Berner Sennengruppe: Hallo liebe Hundefreunde, mein Hund wird im März ein Jahr, er ist mein erster Hund. Ich habe mich für ihn entschieden, ohne viel darüber nachzudenken. Doch seit ein paar Wochen werden die Hundebegegnungen eine Herausforderung, ich kann ihn kaum zurückhalten. Gibt es ein paar Tipps?

Ich habe dazu geschrieben: Frieda ist 19 Monate alt und wir trainieren täglich auf unseren Spaziergängen – allmählich geht es immer besser. Das hängt oft auch vom anderen Hundehalter ab. Wenn der andere Angst hat, wird es schwierig.

Im Wald kennen wir uns und üben gemeinsam. Entweder beschnüffeln, oder sitzenbleiben, bis die anderen außer Sicht sind, oder gemeinsam eine Runde spielen (ohne Leine). In der Stadt wechseln wir öfter die Straßenseite, mit „weiter" gehen wir weiter, sie reißt sich jetzt nicht mehr los und rennt hin. Mit „hierher" kommt sie meistens zurück. Oder ich gehe einfach in die andere Richtung. Geduld, Humor, Konsequenz, starke Führung und ganz viele Leckerli. Wir gehen sehr viel an der kurzen Leine – aber ohne Zug drauf! Wir üben gemeinsames Laufen bei „Fuß", im Rhythmus, das klappt schon gut. Nur wenn jemand entgegen kommt ...

Meine Meinung: An der Pubertät änderst du nichts durch Hundeschule oder Hundetrainer – da müsst ihr gemeinsam durch! Eine starke Beziehung zwischen Mensch und Hund ist wichtig. Die entsteht durch viele Spaziergänge an der Leine – mit Pausen, wo jeder macht, was er möchte. Friedas Hundepatentante geht neuerdings wieder mit ihr spazieren, da scheint es überhaupt keine Probleme zu geben mit Hundebegegnungen in der Stadt. Sie macht sogar noch Selfies von den beiden.

Ende Februar war es so weit: Frieda riss sich nicht mehr so oft los, sie kam auf „hierher" gleich zurück. Eines Morgens auf dem Waldparkplatz wäre ich beinahe umgekehrt – dort stand eine Gruppe um eine

Hundetrainerin herum und diskutierte lautstark, während die Hunde in den diversen Autos bellten.

Fest entschlossen ging ich mit Frieda los, unseren gewohnten Weg, aber nur bis zur Wegkreuzung, denn da kam die Gruppe von ca. 5-6 Leuten laut redend den Weg angelaufen, sie schienen joggen zu wollen. Meine Frieda, die dort immer erst ihr Geschäft macht, bevor wir an der Leine weitergehen, lief natürlich hin und schaute die an. Die blieben aber weiter laut redend einfach stehen. Also nahm ich Frieda an die Leine und wollte weitergehen, da setzten sie sich in Bewegung, genau auf dem Weg, den wir gehen wollten.

Ich bin umgekehrt und mit Frieda den anderen Weg gegangen – das machen wir Hundebesitzer oft, damit jeder in Ruhe laufen kann.

Auf dem Rückweg trafen wir noch zwei nette Frauen mit drei Hunden, und unterhielten uns – die Ältere meinte, dass es hier am Sonntag doch sehr unruhig ist mit all den Leuten, die mit Fahrrädern, Rollern und wilden Hunden durch die Gegend sausen, ohne Rücksicht auf andere zu nehmen.

Und als wir weitergingen, hörten wir lautes Gebell von einer ganzen Hundemeute aus Richtung Parkplatz. Frieda ging ganz brav mit mir, denn da hatte sie offenbar Angst. Ich wartete ein wenig und konnte Frieda dann sicher ans Auto führen, in das sie sofort hineinsprang.

Ich bin stolz, dass wir das gut geschafft haben – aber solche Erlebnisse brauche ich nicht öfter. Vom nächsten Sonntag an fuhren wir eine Stunde früher zum Waldparkplatz.

Und heute bin ich sehr froh, dass wir alles aus eigener Kraft schaffen. Und es geht uns beiden auch gut, nach diesem Abenteuer.

Nichts bleibt, wie es ist, alles verändert sich. Und wenn wir unser Verhalten verändern, verändert auch der Hund sein Verhalten.

Neue Erfahrungen

Inzwischen war es schon zur Gewohnheit geworden, dass Frieda und ich zweimal am Tag in den Wald fuhren. Conny ging regelmäßig mit Frieda im Hain spazieren, sie waren sogar im Botanischen Garten, wo Leinenpflicht herrscht. Auch ich war ein paarmal mit Frieda zum Hain gegangen, um die Schneeglöckchen zu bewundern.

Ansonsten machten wir neue Erfahrungen im Wald, gingen auch schon mal querfeldein, abseits der Wege. Das gefiel Frieda immer besonders gut, und sie lernte, genau auf mich zu achten. Wir haben uns dort nie verloren.

Veränderung des Mindsets

Und dann erlebte ich eine weitere Veränderung meines Mindsets. Ich meinte, immer zu hören bei den Leuten, die kritisierten oder sich aufregten, weil Frieda zu ihrem Hund hinlief: *Warum muss diese ältere Frau unbedingt einen jungen Hund haben, und dann noch so einen großen?* Denn ich kann Frieda nicht halten, wenn sie lospreschen will.

Aber ich hätte sie auch vor 20 Jahren nicht halten können, das haben mir jüngere Hundehalter bestätigt. Wer kann schon einen so großen und starken Hund halten, wenn der unbedingt zu einem anderen Hund laufen will? Wir mussten trainieren – und ich änderte meine Kraft und mein Mindset.

Ein Spaziergänger meinte neulich: „Sie können doch den Hund gar nicht führen.“ Oh doch, ich führe Frieda gut und sicher auf allen Wegen, ich gebe ihr Ruhe und Sicherheit. Und das Gefühl, dass wir beschützt sind. Trotzdem gibt es Begegnungen mit Menschen und Hunden, wo das noch nicht klappt. Frieda ist dann ganz angespannt, und ich auch. Wir haben Stress, vor allem, wenn wir merken, dass das andere Mensch-Hunde-Team ängstlich oder abwehrend ist. Was ist denn so schlimm dabei, wenn ein Hund den anderen begrüßt?

Wir erleben Begegnungen, wo das ganz friedlich abläuft. „Wir üben noch“, sage ich dann immer. Und neulich sagte ich zu einer Frau, die mich mal beschimpft hatte, weil ich mit meinem Hund im Wald laufe, ihn aber nicht halten kann, wenn er sich losreißt: „Das dauert noch einige Monate, sagt die Trainerin. Frieda ist ja ein junger Hund.“ Da sagte die Frau: „Ich gehe mal einfach weiter.“ Ja, und das hat dann auch geklappt.

Wir begegnen Menschen mit ihren Hunden im Wald, die Angst haben und ähnliche Probleme, wie wir auch. Aber manche möchten das nicht zugeben, sie hätten am liebsten den Wald ganz für sich und würde gar keine Begegnungen erleben. Aber das gibt es nicht – weder im Wald noch in der Stadt. Und nur durch Hundebegegnungen können wir Hundebegegnungen üben.

Ich bin nicht perfekt, und mein Hund auch nicht. Wir gehen im Wald spazieren, um Spaß zu haben und um zu trainieren. Und ohne Hundebegegnungen könnten wir keine Hundebegegnung trainieren. Im Übrigen sind die meisten Hundebesitzer, die wir treffen, sehr freundlich, verständnis- und humorvoll. Denn sie erleben dasselbe ja mit ihrem Hund, bzw. haben es erlebt.

Mich kann niemand beschimpfen, denn ich bemühe mich darum, dass Frieda ein „ordentlicher" Hund wird. Doch was ist das eigentlich? Ich denke, es ist nicht schlimm, wenn sich zwei Hunde im Wald mal begrüßen und beschnuppern. Dann ist nämlich sofort der ganze Stress weg, den die Hundehalter sich und anderen, sowie ihrem Hund machen.

Wie „man" einen Hund erziehen sollte, dazu habe ich meine eigene Meinung. Ich vertraue da sehr stark auf José Arce, mit dem ich bereits zweimal persönlich gearbeitet habe. Immer wieder sagt er:

Die Grundlage für eine wahre Beziehung ist, sich selbst zu entdecken und zu erkennen, wer man ist.
Hunden geht es gut, wenn sie sich sicher fühlen und uns voll und ganz vertrauen können.
Damit der Hund zur Ruhe finden kann, muss sein Mensch für Ruhe sorgen.
Strukturen machen den Kopf frei und helfen dem Hund, sich sicher zu fühlen.
Hat der Hund das Gefühl, er müsse sich selbst um alles kümmern, kommt es zwangsläufig zu Problemen.
Jeder Hund ist ein Individuum. Wir müssen seinen Charakter erkennen und respektieren.

Ich denke, Frieda und ich sind auf einem guten Weg!

Ungewöhnliche Begegnungen

Ende Februar erlebten wir zwei „Begegnungen der dritten Art“: Als wir den leichten Abhang Richtung Parkplatz hinuntergehen wollten, kam uns eine Frau mit einem Gefährt entgegen, das von ihrem großen, schlanken Hund gezogen wurde: Ich hatte so etwas noch nie gesehen, und heute weiß ich, man nennt das „Scooter“ – ein mittelgroßer Roller, auf dem der Hundeführer steht und den Hund durch Befehle antreibt.

Genau wie ich bekam Frieda einen Schreck, aber die Frau hielt an und wartete, bis ich Frieda vom Weg wegziehen konnte. Wenn Frieda einen Schreck bekommen hat, hüpft sie immer ganz aufgeregt herum, und ich kann sie dann nicht so schnell wieder anleinen. Die Frau erzählte mir, dass sie mit ihrem Hund für Wettbewerbe trainieren wolle, und meinte, dass der Wald doch groß genug für alle sei.

Einige Tage später aber versetzte die Frau uns in Angst und Schrecken, als wir in aller Ruhe am Morgen den Waldweg entlang gingen und sie plötzlich von hinten angerast kam und etwas schrie, aber nicht bremste. Sie hatte uns ja vorher auf dem Parkplatz gesehen, und hätte sich denken können, dass ich mit Frieda auf diesem Weg unterwegs war.

Ich schrieb ihr dann einen Brief und klemmte den an die Windschutzscheibe ihres Autos. Schließlich sind doch viele Menschen mit ihren jungen Hunden im Wald unterwegs, und am Wochenende auch Wanderer und Familien mit kleinen Kindern.

Meiner Meinung nach sollte im Wald niemand Angst haben müssen. Es kann doch nicht angehen, dass all die Spaziergänger befürchten müssen, von Menschen, die ihren Sport „Cani Cross“ ausüben wollen, gefährdet zu werden.

Auch für Autorennen darf man nicht in der Stadt trainieren, wo normale Verkehrsteilnehmer unterwegs sind. Ich bat sie, in Zukunft etwas rücksichtsvoller zu sein.

Ich aber hatte von diesem Tag an Angst – ein Gefühl, das ich seit Jahren nicht mehr kannte – und auch Frieda schaute sich immer wieder um, ob wieder jemand von hinten angesaust kam.

Sie meinte, dass Frieda nicht schnell genug aus dem Weg gehen würde. Und sie bot mir an, mit Frieda zusammen zu gehen – mit ihrem Hund ohne Scooter, und mit Scooter ohne den Hund. Ein Berner Sennenhund ist aber nicht für schnelle Sportarten geeignet, denn er ist alles andere als schnell und wendig. Er würde nicht am Fahrrad mitlaufen und schon gar nicht an einem Scooter. „Aber er ist ein toller Familienhund, ein toller Lebenspartner und Weggefährte, der seinem Menschen immer treu zur Seite steht und zu ihm hält. Er wird auf ihn aufpassen und auch seinen Hof und Grund lautstark verteidigen. Der Berner ist nicht aggressiv, aber trotzdem wachsam." (Daerr 2025, S. 80)

Seit einiger Zeit gab es ganze Gruppen von Menschen, die sich von ihren Hunden auf Scootern oder Fahrrädern ziehen ließen und im schnellen Tempo durch den Wald fuhren. Sie beschränkten sich aber meist auf die befestigten Forststraßen, wo auch ab und zu mal Autos fahren. Daher ging ich mit Frieda fast nie über diese Straßen, sondern lieber auf den Waldwegen, die – so dachte ich bis dahin – doch den Fußgängern vorbehalten sind.

Ein Anruf bei der Forstverwaltung ergab, dass man dort keine Handhabe hatte, den rasanten Hundesport auf Wanderwegen zu untersagen. Nur einmal hatten wir noch eine Begegnung mit einem netten Mann, der zwei Hunde vor seinen Scooter gespannt hatte. Als er sah, dass Frieda ängstlich reagierte, stoppte er und Frieda durfte alles beschnuppern, auch seine braven Hunde. Und als Frieda dann beruhigt war, konnten wir ganz einfach weitergehen und der Mann setzte seine Fahrt mit den beiden Hunden fort.

Ich kannte die Frau schon aus unserer ersten Zeit in diesem Wald, sie war immer mit drei Hunden unterwegs und hatte mich mal gefragt, warum ich mir als älterer Mensch so einen wilden Hund angeschafft hätte. Ich sagte, das ist eine ganz tolle Rasse, wenn die erstmal zwei Jahre alt sind, geht alles leichter, ich hätte ja eine Berner Sennenhündin gehabt, die fast 11 Jahre alt geworden ist. Und der Berner Sennenhund ist dann der beste Lebensbegleiter, den man sich denken kann. Und ich sehe die Frau noch heute, wie sie dort stand, ganz angespannt mit ihren drei Hunden an der straffen Leine.

Wir trafen die Frau, nennen wir sie Chris, noch einige Male auf unseren Spaziergängen, sie schien nur wenig jünger als ich zu sein, ging aber immer mit den drei Hunden an der Leine. War sie nicht auch schon zu alt, um drei Hunde gleichzeitig zu führen? Sie sagte immer, dass der eine Hund sicherlich nicht so freundlich auf Friedas Annäherungsversuche reagieren würde, wie es der sportliche Hund, nennen wir ihn Harry, tat. Er wäre bissig, erfuhr ich, wodurch meine Angst noch stärker wurde. Und ich empfahl ihr einen Maulkorb für den bissigen Hund.

Oft rief sie schon von weitem, auch wenn sie mit den Hunden zu Fuß unterwegs war, wir sollten unsere Hunde anleinen – ich erinnere mich an einen Spaziergang mit Friedas Freunden, den beiden Berner Sennenrüden, die wir alle drei gerade von der Leine gelassen hatten, damit sie im Bach baden konnten.

Ich hatte der Frau erklärt, dass Frieda ein sehr freundlicher Hund ist, und dass sie zusammen mit 18 Geschwistern bzw. Halbgeschwistern auf einem großen Hof mit vielen Hunden, Pferden und Ponys aufgewachsen ist. Und daher kennt sie es, so wie ich auch, dass man Bekannte freundlich begrüßt.

Etwa ein Jahr später beobachtete ich, dass die Frau nur noch mit einem Hund spazieren ging. Harry kam eines Tages auf dem Parkplatz auf mich zu, denn ich habe immer besonders gute Leckerli aus getrocknetem Entenbrustfilet in der Jackentasche, die hatte er wohl geschnuppert. Ich fragte die Frau, wo denn die beiden anderen Hunde geblieben seien, und erfuhr, dass beide bereits im letzten Sommer gestorben waren, kurz hintereinander. Ich sagte, dass mir das sehr leid tat, fragte aber nicht weiter.

Heute weiß ich mehr und denke, dass diese Begegnung kein Zufall war. Wir verstehen uns inzwischen gut, wir unterhalten uns auf gemeinsamen Spaziergängen und die beiden Hunde, so verschieden sie auch sind, spielen gerne miteinander. Doch dazu später.

Auf dem Weg zum Dreamteam

Es war Mitte März und unser Morgenspaziergang war heute sehr friedlich. Ich ging wieder etwas anders mit Frieda – fühlte mich einfach sicher mit unserer gewohnten kurzen und griffigen Leine. Ich ging mit ihr den Weg hinunter, wo sie neulich nicht mitwollte, sie folgte mir bereitwillig, auch als der Weg unwegsam wurde. Dann sind wir umgekehrt und weiter gelaufen zu dem schmalen Pfad, wo sie schon mehrfach gespielt hat. Diesmal brauchte sie viel Zeit, lag gemütlich auf dem Bauch und kaute auf einem Stöckchen. Jedenfalls gingen wir dann in Ruhe – ohne irgendeine Begegnung – zum Auto zurück und fuhren nach Hause. Der Vormittag war sehr ruhig. Wir hatten uns beide erholt.

Ich war glücklich, als wir zurück waren. Und mir fiel der Refrain *So wie du bist* aus einem Kinderlied von Rolf Zuckowski ein, der sich auch auf einen Hund übertragen lässt:

So wie du bist, so wie du bist,
So und nicht anders sollst du sein.
So wie du bist, so wie du bist,
So bist du für mich der Sonnenschein.

Mittags trafen wir auf dem Parkplatz die ältere Frau mit den beiden kleineren Hunden, die wir schon einmal getroffen hatten. Ich erzählte ihr, dass mich jemand beschimpft hatte wegen Frieda, und sie sagte: „Wir gehen jetzt einfach zusammen. Es sind viele nette Leute im Wald, und ganz wenige unangenehme."

Am Ende des schmalen Pfades sahen wir ein korpulentes älteres Paar mit einem Pudel – die bewegten sich nur ganz langsam von der Stelle. Wir gingen geradeaus, und ehe ich mich versah, war Frieda zu denen hingelaufen. Die Frau rief gleich: „Die tut nichts, die ist noch ganz jung." Dann leinte sie ihre beiden Hunde ab und ging los, und Frieda kam uns hinterher, ich nahm ihr auch die Leine ab.

Wir sind dann zusammen bis zu dem Pausenplatz gelaufen – wobei die drei Hunde fröhlich tobten und spielten, ab und zu ein Leckerchen abholten und dann ging es weiter. Die Frau meinte, sie bewunderte mich, dass ich einen so großen Hund hätte, das hätte sie sich nicht getraut. Und ich sagte offen, dass ich Frieda nicht halten kann, wenn sie losprescht, dass das eben nur über Erziehung gehen kann. Und dass ich das bei Senta ja auch geschafft hätte, ohne irgendeine Ahnung von Hunden gehabt zu haben. Sie meinte noch, man wird ja älter …

Stimmt das eigentlich? Wird man schwächer, wenn man älter wird? Ich denke, nein. Auch jüngere Leute können einen Berner Sennenhund nicht halten. Ich hätte Frieda vor 12 Jahren auch nicht halten können – auch Senta ist mir manchmal weggelaufen.

An der Stelle, wo ich sonst mit Frieda Pause machte, schlug sie vor, dass ich Frieda am Baum anbinde, damit sie weitergehen könnten. Ich bedankte mich für den schönen Spaziergang und ging dann in Ruhe und ohne Komplikationen mit Frieda zum Auto zurück.

Ich überlegte, wie viele Leute das wirklich waren, die sich im Wald über uns aufgeregt hatten. Die kann man im Laufe des letzten Jahres an einer Hand abzählen! Natürlich ist Frieda jetzt schon sehr groß – und viele Menschen denken ja nicht, dass sie noch so jung ist. Manche haben vielleicht auch Angst vor ihr, aber die Frau heute Mittag sagte auch, dass Frieda doch niemandem etwas tut und keinen Hund beißt. Sie freut sich nur über Begegnungen und will mit den Hunden spielen.

Ich formuliere meine Affirmation, so wie ich das denke – denn wie andere die Situation bewerten, darauf habe ich ja keinen Einfluss. Ich kann nur meine eigene Einstellung dazu ändern:

Frieda und ich – wir sind nicht perfekt, aber wir sind doch ein gutes Team. Wir sind genauso, wie wir sein sollen. Da können andere sich aufregen, dass wir im Wald herumlaufen, obwohl Frieda sich manchmal losreißt. Deshalb üben und trainieren wir ja im Wald!

Ich hatte im Buch *Vertraue dem Leben* von Louise Hay eine Affirmation gefunden: *Ich bin umgeben von guten Autofahrern.* Die schrieb ich um auf Hundehalter. Und schon traf ich mittags diese nette Frau mit ihren zwei Hunden, mit der wir uns inzwischen angefreundet haben.

Ich bin umgeben von guten Hundehaltern

Behandle deinen Hund wie einen guten Freund! Rede auf freundliche Weise mit ihm, sag: Schön, dich zu sehen. Wir machen zusammen einen schönen Spaziergang im Wald.

Und wenn ihr das Haus verlasst, affirmiere: Ich bin stets von guten Hundehaltern umgeben, und ich strahle bewusst Liebe auf alle Hunde in meiner Umgebung aus. Es ist ein gutes Gefühl, dass überall Liebe ist, wo ich mit Frieda unterwegs bin.

Weitere Affirmationen:

- *Unser Spaziergang verläuft leicht und mühelos.*
- *Ich fühle mich mit meinem Hund wohl.*
- *Ich weiß, dass dies ein wunderschöner Spaziergang wird.*
- *Ich sende allen Menschen, die mit mir im Wald unterwegs sind, meine Liebe.*

Gerade als ich losfahren wollte, sah ich die nette Frau von neulich, mit der unsere drei Hunde so schön gelaufen waren! Sie kam an mein Auto und fragte nach meiner Telefonnummer. Ich stieg aus und gab ihr meine Visitenkarte. Ich bedankte mich noch einmal für den schönen Spaziergang und sagte, ich würde ihr gerne mein Buch *Senta & ich* schenken.

Sie hatte einer Bekannten, die einen älteren Hovawart-Rüden hat, von Frieda erzählt. Sie meinte, die beiden würden wunderbar zusammenpassen und sicher schön spielen können. Dann würde sie ihre Hunde zu Hause lassen und mit ihrer Bekannten kommen. Darüber habe ich mich sehr gefreut. Und schon eine Woche später haben wir einen schönen gemeinsamen Spaziergang gemacht.

Perspektivenwechsel: Berner Sennenhunde

Ende Mai haben wir Maja, eine 5-jährige Berner Sennenhündin getroffen, die wir schon von früher her kannten. Diesmal mit ihrem Herrchen, und ich habe gefragt, ob wir mit ihnen mitgehen dürften – er wollte zum Bach, damit die Hunde dort baden und trinken könnten. Wir ließen beide Hunde frei laufen – für Frieda war es das erste Mal nach der langen Zeit des An-der-Leine-Gehens. Und es war einfach faszinierend für mich, dass beide immer um uns herum waren. Frieda hörte auf Majas Herrchen, Maja kam zu mir, um Leckerli zu bekommen.

Vor allem hörten beide aufs Wort und liefen nicht weg. Am Bach waren Maja und Frieda glücklich, dass sie hinunter zum Wasser laufen durften. Majas Herrchen zeigte mir einen schönen Weg, den ich vor einem Jahr schon oft mit Frieda gegangen war. Die beiden Hunde liefen durch die Gegend, Frieda genoss es, frei zu laufen. Und Maja gab ihr auch schon mal „Antwort", wenn sie zu wild wurde. Wir gingen dann über eine andere Brücke wieder in den Bereich des Waldes, wo ich sonst mit Frieda laufe. Wir gingen den Forstweg entlang, vorbei an der Hubertusquelle, wo die Hunde nochmal trinken durften, und dann weiter Richtung Parkplatz. Als eine Joggerin entgegen kam, konnte ich Frieda einfach an die Leine nehmen, sie setzte sich an den Wegrand und wir ließen die Joggerin ohne Komplikationen vorbei.

Meine Morgenroutine: Waldspaziergang mit Frieda – egal, wie das Wetter ist. Heute war es von oben (noch) trocken, von unten ziemlich nass. Und es gibt immer wieder schöne Momente, so wie diesen, wo mein Hündchen besinnlich sitzt und einfach schaut. Für mich ist das immer eine Stunde der guten Gedanken, die mich bewegen. Eine schöne Einstimmung auf alles, was am Tag noch kommt.

Am nächsten Mittag suchte Frieda die andere Hündin, aber die war wohl schon mit ihrem Herrchen unterwegs. Also gingen wir einen anderen Weg und bewegten uns in der entgegengesetzten Richtung – bis wir die beiden dann schließlich trafen und beschlossen, mit ihnen zurückzugehen. Wir kamen richtig gut ins Gespräch und ich genoss die Harmonie zwischen den Hunden. Und auch die Gelassenheit von Majas Herrchen beim Freilaufen der Hunde. Er erzählte, dass Maja wegen eines gesundheitlichen Problems so stark abgenommen hätte und ich versprach, ihm mein Buch Der Himmel hat einen neuen Stern. Abschied vom Seelenhund mitzubringen. Wir verabredeten uns für die nächsten Tage um die Mittagszeit, trafen uns aber leider nie wieder.

Einen Tag später haben wir im Wald den einjährigen Berner Sennenrüden Franz mit Herrchen und Frauchen getroffen. Es war genau wie mit Maja – die beiden Berner Sennenhunde waren sofort „ein Herz und eine Seele". Und auch wir Menschen verstanden uns auf Anhieb gut. Während ich mit der Frau sprach, spielte ihr Mann mit beiden Hunden auf einem Nebenweg – Frieda machte mit, als sei das ihr Herrchen – genau wie vorher mit Majas Herrchen. Ich glaube, es gibt nichts Besseres für Frieda, als in Gesellschaft anderer Berner Sennenhunde zu lernen und zu spielen.

Zwei Wochen später trafen wir eine ältere Berner Sennenhündin auf dem Parkplatz, und ihr Frauchen meinte, gleich kommt noch einer. Das war Franz, den wir schon kannten. Wir gingen dann fast zwei Stunden zusammen spazieren – die beiden Teenies hatten Spaß miteinander und die 8-jährige Hündin Bella konnte in Ruhe hinterherlaufen.

Und dann haben wir einen wunderbaren Morgenspaziergang gemacht. Frieda lief die große Runde, die wir seit einer Woche gehen, ganz ruhig mit mir an der lockeren Leine. Kein Ausbruchversuch, einfach nur harmonisch mit mir im „Gleichschritt". Zum allerersten Male hatte ich das deutliche Gefühl, dass wir nun ein Dreamteam werden. Wie man so schön sagt: „Da haben sich zwei gesucht und gefunden." Nun wir haben uns sicher nicht gesucht – wir sind zusammen gewachsen im Laufe der Monate. Wir trafen niemanden unterwegs, sondern genossen unsere Zweisamkeit – ohne Stress, ohne Angst, es könne ein unangenehmes Mensch-Hunde-Paar auftauchen. Frieda wirkte seit der Begegnung mit Maja sehr ausgeglichen.

An einem Sonntagmorgen Anfang Juni war ich sehr stolz auf meine Frieda. Wir trafen an einer ganz entlegenen Stelle die junge Frau mit Hund, die vor einigen Wochen mal so allergisch reagiert hatte, weil Frieda auf sie zu kam, um ihren jungen Labrador zu begrüßen. Diesmal verlief die Begegnung ohne Komplikationen – die Frau grüßte uns nicht und sah weg, sie ging einfach weiter, der Hund aber schaute recht ängstlich. Und das Beste: Frieda versuchte zwar, zu dem anderen Hund hinzuziehen, ging dann aber mit mir weiter.

Ich habe Frieda dann erklärt, dass wir freundlich sind und jeden begrüßen, den wir treffen – dass aber andere Leute und ihre Hunde das nicht immer wollen. Und dass uns das nicht stören muss. Wir bleiben freundlich, und wir treffen mittlerweile ganz oft entspannte Menschen mit ihren ebenfalls entspannten Hunden, die sich gegenseitig begrüßen und miteinander spielen.

Seitdem haben wir einige sehr schöne Begegnungen mit Hunden und ihren Frauchen oder Herrchen gehabt. An einem Samstagmittag, als die Temperaturen über 30 Grad anstiegen und ich mir dachte, wir gehen nur kurz zum Bach und wieder zurück, setzte sich Frieda auf den Parkplatz, weil gerade ein anderes Auto eintraf. Die Frau, die ausstieg, kannte ich nicht, und auch der zugehörige Aussie war mir nicht bekannt. Der 7-jährige Rüde lief sofort mit Frieda los – mit der Frau unterhielt ich mich gut – und wir gingen trotz der Hitze eine ganz große Runde. Sie sagte, dass ihr Hund oft recht schnell das Interesse an anderen Hündinnen verliert, aber bei Frieda war es wohl anders.

Inzwischen merke ich, dass meine Kraft stark zugenommen hat und ich Frieda oft halten kann, wenn sie mal wieder ausreißen will – was allerdings immer seltener vorkommt. Ich lasse sie immer wieder frei laufen auf unseren Spaziergängen, und oft geht sie neben mir, als wäre sie an der Leine. Da passt der Ausspruch von José Arce: „Man führt einen Hund nicht mit der Leine, sondern mit dem Herzen.“

Frieda war nun 23 Monate alt – ich hatte bemerkt, dass sie am meisten lernte, wenn wir mit Berner Sennenhunden unterwegs waren. Und so meldete ich uns mit Conny zu einem großen Bernertreffen an, das Anfang August stattfand, einen Monat nach Friedas zweitem Geburtstag.

Es war eine weite Fahrt und ein heißer Tag, wir wanderten mit einer kleinen Nachzügler-Gruppe durch den Wald hinauf zu einer Burgruine, wo an die hundert Berner Sennenhunde mit ihren Menschen waren. So richtig glücklich waren wir dort nicht, auch bei dem Rückweg den Berg hinunter zum Parkplatz hatten wir nicht das gute Feeling wie bei unseren Spaziergängen im heimischen Wald.

Umso schöner war dann unser Besuch bei unseren Freunden mit ihrem Berner Sennenhund Joschi in Oberfranken. Wir machten einen wunderschönen Herbstspaziergang über die Stoppelfelder entlang des Weismains. Und unsere beiden Teenies hatten ihren Spaß.

Die wichtige Rolle von Hundepatentante Conny

Am 7. Januar 2024 wurde Frieda eineinhalb Jahre alt, und wir feierten gemeinsam ihren „halbrunden" Geburtstag. Dabei fiel mir auf, dass sich Conny anders verhielt als sonst. Früher hatte ich unsere Treffen manchmal als anstrengend empfunden, weil Frieda sehr unruhig wurde, wenn Conny da war. Doch an diesem Tag war es anders. Conny erzählte, dass sie zwei Wochen lang den Hund einer Bekannten bei sich betreut hatte – und ich hatte den Eindruck, dass sich dadurch etwas in ihrem Verhalten verändert hatte. Jedenfalls fühlte sich unser Zusammensein zu dritt plötzlich viel entspannter an.

Also fragte ich sie, ob sie sich vorstellen könnte, einmal einen ganzen Tag allein mit Frieda zu verbringen. Früher war ich jedes Jahr zu einer Untersuchung bei einer speziellen Hautärztin in Hamburg gefahren. Senta begleitete mich damals immer und blieb während meines Arztbesuches mit Zustimmung der Hotels alleine im Zimmer. Mit Frieda hätte ich das jedoch noch nicht gewagt, weshalb ich im vergangenen Jahr auf die Untersuchung verzichtet hatte. In Bamberg bekam ich keinen Termin bei einem Hautarzt, und wegen einer Auffälligkeit in meinem Gesicht wollte ich mich dringend untersuchen lassen. Schließlich fand ich heraus, dass ich frühmorgens mit dem ICE nach Hamburg fahren, dort die Untersuchung durchführen lassen und am Nachmittag wieder nach Bamberg zurückkehren konnte.

Conny war sehr zuversichtlich, dass sie den Tag mit Frieda gut meistern würde. Ich allerdings hatte noch leichte Bedenken und bat sie deshalb, zunächst einige Spaziergänge mit Frieda in unserem Viertel zu unternehmen. Und tatsächlich – es fühlte sich fast wie ein kleines Wunder an: Beide kamen jedes Mal gut gelaunt zurück, und es hatte offenbar keinerlei Schwierigkeiten gegeben. So buchte ich schließlich meine Zugfahrt nach Hamburg und den Termin bei der Hautärztin für den 14. Februar 2024, den Valentinstag.

Am Morgen der Reise musste ich früh aufstehen und verließ unsere Wohnung kurz nach 7 Uhr. Frieda schlief friedlich in der Diele und nahm kaum Notiz davon, dass ich ging – sie war es von Anfang an gewohnt. Conny und ich hatten vereinbart, dass sie erst zu Frieda kommen würde, wenn ich außer Haus war. Und so geschah es. Mein leicht mulmiges Gefühl verwandelte sich erst in echte Erleichterung, als Conny mir die ersten Fotos von Frieda schickte.

Der Tag verlief insgesamt sehr positiv: Die Untersuchung bei der Hautärztin brachte mir die erhoffte Gewissheit, dass keine Probleme vorlagen. Daher konnte ich sogar eine frühere Zugverbindung zurück nach Bamberg nehmen und die entspannte Fahrt im komfortablen ICE genießen. Es war ein ungewohnt ruhiger Tag – ganz ohne Frieda.

Doch bei meiner Heimkehr war es mit der Ruhe vorbei: Frieda veranstaltete ein wahres Freudenspektakel. Sie konnte gar nicht genug vom Knuddeln bekommen. Am Morgen war sie ja davon ausgegangen, dass ich nur kurz das Haus verlasse – und nun kam ich erst am Abend zurück! Alles war gut gegangen mit Frieda und Conny, und ich war einfach glücklich.

Seitdem verlief jede Rückkehr nach den gemeinsamen Spaziergängen der beiden nach demselben Muster: Frieda stürmt als Erstes in mein Büro, um nachzusehen, ob ich noch da bin. Und das hat sich bis heute nicht geändert.

Conny erzählt: Ein besonderer Tag mit Frieda

Beate hatte mich gefragt, ob ich mir vorstellen könnte, einmal einen ganzen Tag auf Frieda aufzupassen. Super gerne! Für mich war das die perfekte Gelegenheit, meinen Patenhund noch besser kennenzulernen. Endlich durfte ich den „Alltag“ – wenn auch nur für einen Tag – mit Frieda erleben: füttern, spazieren gehen, ausruhen, spielen, kuscheln.

Beate wollte nach Hamburg fahren – von Bamberg aus eine halbe Weltreise. Sie musste schon früh um 7 Uhr los und würde erst spät am Abend zurück sein. Für uns beide war es eine Premiere: Beate den ganzen Tag ohne Frieda, ich den ganzen Tag mit ihr. Wer von uns beiden wohl aufgeregter sein würde?

„Conny, wie schön, dass du dich um Frieda kümmerst, während ich unterwegs bin“, meinte Beate einige Wochen zuvor. „Vielleicht könntest du vorher noch ein paar Spaziergänge mit ihr üben?“ „Sehr gerne, das wird uns beiden sicherlich guttun!“

Also übten wir schon mal – unsere vertrauten Runden im Hain, mit allem, was Frieda so liebte: neugierig schnuppern, auf der Bank neben mir schmusen und die nie endende Jagd nach Tempotaschentüchern.

Dann kam der große Tag! Beate fuhr früh los, und ich machte mich auf den Weg zu Frieda. Normalerweise hörte ich sie schon fiepend hinter der Tür – doch diesmal: Stille. „Hm, was ist los?“, dachte ich. Als ich die Wohnung betrat, sah ich sie noch verschlafen zusammengerollt auf ihrem Platz liegen. Ein müdes Gähnen, ein kurzer Blick – und dann die Verwandlung, als sie mich wahrnahm: Sie sprang auf, wedelte wie verrückt und sprang auf mich zu. „Umwerfend, wie immer, Frieda“, lachte ich.

„Na, bist du jetzt wach? Heute wird unser Abenteuer-Tag!“ Frieda schien zu spüren, dass das etwas Besonderes werden würde: unser erster ganzer Tag zusammen.

Nach einem kleinen Frühstück zogen wir los. Frieda schnupperte hingebungsvoll jede Ecke ab – und ja, wieder mit höchst professionellem Spürsinn für Tempotaschentücher.

„Nicht schon wieder!“, dachte ich, als sie zu einem zerknüllten Papier auf dem Boden hechtete und ich sie mit ganzer Kraft zurückhalten musste.

Zuhause folgte das volle Verwöhnprogramm: spielen, toben, kuscheln. Anders als an den Vormittagen, wenn Beate konzentriert am PC sitzt, klebte Frieda nun förmlich an mir. Sie genoss es sichtlich, den ganzen Tag die Hauptperson zu sein.

„So, jetzt brauchen wir beide mal eine Pause“, meinte ich irgendwann, plumpste aufs Sofa – und schon war Frieda obenauf. Halb auf meinem Schoß, halb daneben, drückte sie ihren Knuddel-Fell-Körper an mich und genoss meine kraulende Hand.

Natürlich hielten wir Beate auf dem Laufenden. Ich schickte ihr Fotos und kleine Videos: Frieda beim Dösen, Frieda beim Spaziergang, Frieda mitten im Spiel. Beate antwortete begeistert mit Herz-Emojis – und ich konnte spüren, wie erleichtert sie war.

Bis gleich!

Bis in den Abend hinein verbrachten Frieda und ich unseren besonderen Tag – entspannt, vertraut und voller kleiner Glücksmomente. Als Beate schließlich zurückkam, empfing sie eine zufriedene Frieda, die sagen wollte: „Alles bestens, es war ganz toll!“ Beate strahlte erleichtert, und auch ich war überglücklich.

Am nächsten Morgen bekam ich eine Nachricht von ihr:

„Guten Morgen, liebe Conny, heute war der Waldspaziergang besonders schön – der eine Tag mit dir hat Frieda verändert. Wir sind ganz entspannt gelaufen, und als wir einem netten Herrn mit zwei Cocker-Spaniel-Damen begegnet sind, hat sie sich nicht losgerissen ...
Danke dir!“

Als ich das las, ging mir das Herz auf. Unser gemeinsamer Tag hatte also Spuren hinterlassen – und zwar die schönsten.

Conny erzählt: Im Dienste der Literatur

Unsere Spaziergänge hatten sich inzwischen gut eingespielt. Und dann wartete eine ganz besondere Aufgabe auf Frieda und mich: Wir sollten Beate den Rücken freihalten, während sie gemeinsam mit einer Autorin ihr Hörbuch aufnahm. Dafür brauchte sie eines: absolute Ruhe! Für uns bedeutete das, bis zu zwei Stunden draußen unterwegs zu sein, damit in der Wohnung ungestört gearbeitet werden konnte.

Wir verbrachten viel Zeit im Hain: Mal schlenderten wir durch die schattigen Wege, mal machten wir eine Pause auf einer Bank im Botanischen Garten. Frieda saß oft brav neben mir, ließ sich kraulen und beobachtete aufmerksam die Umgebung.

So erholsam die Runden auch waren, manchmal wurden sie zur echten Herausforderung: Frieda hatte ihren eigenen Kopf – und wenn sie plötzlich wie angewurzelt stehen blieb und keinen Schritt mehr machen wollte, musste ich viel Geduld aufbringen. Bei einem Berner Sennenhund hilft in solchen Momenten weder gutes Zureden noch ein Leckerli.

„Na komm, Frieda, nur ein kleines Stück noch!“, versuchte ich es manchmal. Sie jedoch erwiderte nur den typischen starren Blick, der zu sagen schien: „Heute nicht.“ Also blieb mir nichts anderes übrig, als abzuwarten.

Mit der Zeit bemerkte ich, dass Frieda bei Begegnungen mit anderen Hunden deutlich entspannter geworden war. Auch die Begegnungen mit Fahrradfahrern, die früher oft eine echte Herausforderung waren, ließen sie inzwischen erstaunlich gelassen.

Ich war jedes Mal ein wenig stolz, wenn sie ruhig blieb, statt wie früher wild an der Leine zu ziehen. Ihre Eigenheiten behielt sie allerdings bei – vor allem ihre ungebrochene Faszination für Tempotaschentücher. Sobald irgendwo eines auf dem Boden lag, zog es ihre Aufmerksamkeit magisch an. „Nicht schon wieder, Frieda!“, rief ich, wenn sie auf ein Papierknäuel zu rannte. „Aus, lass es!” Doch sie schaute mich nur an, und trabte stolz mit ihrer „Beute“ weiter.

Unsere „Pflicht-Runden“ im Hain wurden zu einer schönen Routine. Manchmal begegneten wir anderen Hundebesitzern und kamen ins Gespräch, manchmal genossen wir die Natur und saßen still beisammen. An heißen Tagen waren wir beide dankbar, wenn wir früher umkehren konnten. Zwei Stunden konnten doch sehr lange sein.

Zurück in der Wohnung hieß es dann: mucksmäuschenstill sein. Keine tapsenden Hundepfoten, kein ungeduldiges Fiepen durfte zu hören sein. Also kuschelte ich mich mit Frieda aufs Sofa oder lenkte sie mit Leckerli ab. Und wenn Beate dann aus ihrem „Tonstudio“ kam, waren wir stolz und erleichtert, dass alles reibungslos geklappt hatte.

„Ihr habt das toll gemacht“, sagte sie strahlend. „Kein Problem“, antwortete ich. „Wir hatten es schön zusammen.“

Neue Gewohnheiten

Als die Aufnahmen für das Hörbuch fertig waren, entwickelten sich neue Routinen. Fast jeden Samstag kam Conny und holte Frieda für einen Hainspaziergang ab. Wenn sie unterwegs waren, konnte ich konzentriert am jeweiligen Buchprojekt arbeiten.

Aber dann, wenn die beiden mit dem Aufzug wieder in unsere Wohnung kamen, erlebten wir ein stürmisches Ereignis: Frieda rannte ins Büro und schaute nach, ob ich noch da war! Dann war sie überglücklich, Conny und ich konnten den schönen Tag mit einem Glas Sekt feiern.

Spaziergänge auf der Sonneninsel Fehmarn

Mittlerweile waren fast vier Jahre vergangen, seit ich von der Ostseeinsel Fehmarn nach Bamberg umgezogen war. Das Foto „Tschüss Fehmarn“ von unserem letzten Strandspaziergang im Juli 2019 wurde ein wichtiges Erinnerungsbild für mich.

Ich wollte so gerne noch einmal mit Senta dort Urlaub machen, wo sie aufgewachsen war, aber irgendwie passte es nie. Und dann wurde Senta schließlich krank und starb.

Im Februar 2023 wollte ich mit Frieda und Conny nach Fehmarn fahren, brach mir aber einen Finger – und so wurde diese erste Reise mit Frieda auf später verschoben.

Lebe deinen Traum: wieder am Meer

Mit einer jungen Berner Sennenhündin im Strandkorb sitzen und aufs Meer schauen – das ist schon Teil meines Traums vom glücklichen Leben. Das Ganze auf der Terrasse einer Traumwohnung direkt am Meer …

Es war doch immer mein Traum gewesen, nach meiner Pensionierung auf der Sonneninsel Fehmarn zu leben. Doch dann kam es ganz anders, ich verließ den Schuldienst lange vor dem Pensionsalter und zog 2010 mit meinem Mann nach Neujellingsdorf auf der Insel Fehmarn. Da war ich erst 58 Jahre alt und habe dann im Februar 2011 meinen Verlag gegründet – auch das war ein Traum, den ich nun seit fast 15 Jahren verwirkliche.

Schon dreimal hatte ich einen Urlaub auf Fehmarn gebucht, seit ich im Juli 2019 von dort zurück nach Bamberg gezogen bin – und jedes Mal wieder storniert. Der Traum vom glücklichen Leben am Meer schien ausgeträumt – mein Mann war schon 2014 gestorben und ich hatte das Haus verkauft.

Und dann kam Frieda – sie war in Delingsdorf/Schleswig-Holstein geboren. Und ich wollte mit Frieda und ihrer Hundepatentante über die Karnevalstage endlich nach Fehmarn fahren.

Und ich beamte mich anhand schöner Fotos schon nach Fehmarnsund. Dort war ich bis Sommer 2019 immer mit meiner Berner Sennenhündin Senta spazieren gegangen, und dort sollte mein erster Urlaub mit Frieda stattfinden. Aber dann passierte der Unfall …

Ich stornierte meine ursprüngliche Buchung und fand dann die „Sundseele“, die erst nach 2019 gebaut worden war. Beherzt buchte ich dort eine Penthousewohnung, ich erhoffte mir wenig Stress mit meiner jungen Hündin, da wir ja zu Hause auch in einer Penthousewohnung mit Dachterrasse wohnen.

Es waren nur wenige Schritte bis zum Strand, wo wir in den folgenden Tagen kilometerweit gelaufen sind. Die Faszination der Ostsee wirkte auch auf Frieda, es war unbeschreiblich schön.

Man kannte mich noch auf der Insel, da hielt ein Auto und eine Frau sprach mich an, beim Morgenspaziergang am Fehmarnsund trafen wir Bekannte, am fast leeren Südstrand eine Frau, die meinte: Ist das jetzt Sentas Nachfolgerin?

Großartig waren die Treffen mit anderen Hunden und ihren Menschen: In Fehmarnsund gab es eine Frieda, die nur vier Wochen älter war als meine Frieda, und meine ehemaligen Freunde freuten sich, dass die beiden Friedas so schön miteinander spielten. Wir trafen Zino und sein Frauchen aus Heiligenhafen, die beiden kannte ich aus unserer Berner Sennengruppe auf Facebook.

Der erste Höhepunkt unserer Auszeit war dann das Geschwistertreffen in Neustadt/Pelzerhaken: es waren zwei Schwestern, eine Halbschwester und ein älterer Bruder von Frieda gekommen.

Am Abend haben wir einen herrlichen Strandspaziergang im Licht der untergehenden Sonne gemacht. Die Ostsee war so seidig blau, wie ich es immer geliebt habe. Und ich habe ihn gespürt: den Zauber von Fehmarn. Und ich glaube, Frieda hat ihn auch gespürt.

In dieser Auszeit sind wir kreuz und quer über die Insel gefahren und haben herrliche Strandspaziergänge gemacht – und auch tolle Begegnungen mit netten Menschen und ihren Hunden erlebt

Am letzten Tag dann der Höhepunkt unserer Auszeit auf der Insel Fehmarn: Friedas Züchterin Frauke Daerr war da mit Friedas Papa Phil, sowie Bibi und Emma.

Mein Traum vom glücklichen Leben am Meer war endlich Wirklichkeit geworden – die Traumwohnung mit dem Strandkorb auf der Dachterrasse ist fast eine kleinere Ausgabe meiner Traumwohnung in Bamberg, nur dass wir hier keinen Blick aufs Meer haben.

Es war nicht der letzte Urlaub auf Fehmarn — im Herbst wollten wir wieder hinfahren und für 2024 hatte ich auch schon Pläne.

Glücklichsein an der Ostsee

Im Herbst 2023 haben wir eine glückliche Woche auf der Sonneninsel Fehmarn erlebt. Angekommen nach langer Fahrt, im Dunkeln, es war nass und windig. Ich dachte: „Das mache ich nicht wieder."

Wir waren am Deich, im Dunkeln, ich wusste nicht, ob der Strand noch da ist nach der Sturmflut. Wir haben einen anderen Hund getroffen, aber Frieda war ganz ruhig. Happy, weil wir wieder diese schöne Wohnung mit Dachterrasse haben. Wir werden diese Auszeit genießen, dachte ich – danach weiß ich, ob wir wiederkommen werden.

Als wir noch auf Fehmarn wohnten, konnten wir das Meer nur in der Ferne sehen – und nun wohnten wir in einer Wohnung mit direktem Blick auf Strand, Meer und die Fehmarnsundbrücke.

Hat es sich gelohnt, so weit zu fahren? Diese Frage hatte sich schon bei unserem ersten Strandspaziergang am Morgen erledigt. Die Sonne ging pünktlich auf – und Frieda war kaum zu halten. So viel Lebensfreude auf einmal, ich konnte nur noch lachen.

Wir waren am Südstrand, wo ich 23 Jahre lang eine kleine Strandwohnung hatte – das war mein damaliger Traum. Und wir waren in Neu-

jellingsdorf, wo ich fast neun Jahre gelebt habe in einem Haus mit Garten, und wo dann Senta zu uns gekommen ist. Ich habe Frieda gezeigt, wo unsere Strandwohnung war und unser Haus – und fühlte dabei nicht viel mehr als Frieda, die gemütlich hinten im Auto saß. „Hat alles seine Zeit", sagt man, und das waren immer schöne Zeiten. Zeiten, in denen ich gelebt habe, so intensiv wie am heutigen Tag.

Was für ein Tag! Mittags dachte ich einmal: So sieht Glück aus. Heute haben wir so intensiv gelebt wie schon lange nicht mehr. Ich bin die alten Wege über die Insel gefahren, habe Frieda ab und zu etwas erzählt, aber vor allem auf mein Herz gehört.

Und als wir auf dem Hundestrand am Südstrand kilometerweit am rauschenden Meer gelaufen sind und Frieda immer voran raste und auf „hierher" zu mir zurück kam, dazwischen vor Vergnügen in die Brandung lief – es war einfach schön.

Der erste Höhepunkt unserer Auszeit war dann wieder das Geschwistertreffen in Neustadt/Pelzerhaken – Friedas Schwester Finchen und ihre Halbschwester Wilma waren mit ihren Menschen gekommen. Es war ein traumhafter Tag am Ostseestrand. Schon am Morgen strahlte die Sonne.

Der Tag endete so schön, wie er begonnen hatte.

Am nächsten Tag kam Zino aus Heiligenhafen mit seinem Frauchen – dann ging es so richtig los. Die beiden Teenies waren kaum zu halten, bis wir am Strand waren. Eine Familie mit kleinen Kindern, zwei Frauen mit ernsten Gesichtern (offenbar mochten sie keine Berner Sennenhunde) und einige Angler – wir lenkten unsere kleinen Wilden sanft daran vorbei – bis sie nach weiterem Toben in der Wohnung endlich zu Boden sanken und schliefen.

Wir fuhren kreuz und quer über die Insel. Egal, wie weit wir am Tag gelaufen sind – wenn wir am Nachmittag zu unserer Ferienwohnung zurückkamen, wollte Frieda noch einmal an den Strand. Und der Ausblick auf die Fehmarnsundbrücke lohnte sich ja auch immer.

Am 7. November war Frieda genau 16 Monate alt. Sie war mindestens so glücklich wie ihr Frauchen.

Und nach weiteren Fahrten über die Insel erlebten wir den letzten Sonnenuntergang – für dieses Mal. Denn wir kommen wieder!

Unser kleines Paradies – verlorene Träume?

Im Herbst 2024 war es so weit: Ich war wieder mit Frieda auf meiner einstigen Trauminsel Fehmarn. Am ersten Ferientag fand unser Treffen mit Friedas Geschwistern und Halbgeschwistern statt – fünf Menschen und fünf Hunde wanderten einträchtig im dichten Nebel am Strand von Neustadt-Pelzerhaken.

Wir verlebten einen glücklichen Sonntagnachmittag bei Sonnenschein und blauem Himmel – ganz alleine am Strand im Norden der Insel.

Die Woche begann regnerisch – nicht nur das Wetter war stürmisch, sondern auch einige wenige Begegnungen am Strand von Fehmarnsund, wo doch eigentlich ein Naturstrand ist und früher nie jemand etwas gesagt hätte, als ich dort mit Senta lief. Tatsächlich muss man ja auf Fehmarn bis zum 1. November den Hund an der Leine führen – das war schon immer so die Bestimmung, aber jetzt gibt es mehr und mehr Leute, die das tatsächlich machen und vor allem von anderen verlangen. Immer mehr Leute haben einen Hund, und nicht alle gehen so entspannt damit um, wenn ein Berner Sennenhund auf sie zugelaufen kommt. Beim Geschwistertreffen in Pelzerhaken war das kein Problem, da waren wir ja eine große Gruppe.

Als ich an diesem Tag zum Südstrand und später zum Hafen fuhr, sah ich viele Baustellen und Veränderungen. Ich dachte, mein altes Paradies ist verschwunden – genau wie die damit verbundenen Träume.

Aber statt das zu beklagen, versuchte ich von nun an noch intensiver, all das Schöne zu finden, das es hier immer noch gibt. Und ich wusste, dass es gut und richtig war, im Frühjahr 2019 mein Haus zu verkaufen und nach Bamberg zu ziehen.

Danach hat sich ja nicht nur Fehmarn, sondern die ganze Welt ziemlich verändert – und vor allem haben auch wir uns verändert. Und wir leben hier und jetzt – auch wenn uns manches nicht gefällt, es ist unser Leben, und wir werden uns an die neuen Bedingungen anpassen. Denn wir wollen uns doch weiterhin wohl fühlen in unserem Leben!

Ein wenig Zweifel hatte ich, ob ich hier weiterhin Urlaub machen möchte. Ich habe mehrere Verabredungen mit früheren Bekannten abgesagt, weil es mir zu viel wurde, in unserer kurzen Auszeit auch noch einen Terminplan zu führen. Denn das wirklich Schöne sind ja die langen Strandspaziergänge mit Frieda – und das wollte ich auskosten.

Wir gingen sogar im Regen am Wasser entlang spazieren: Regen macht schön – das sage ich dann immer zu Frieda.

Und wir trafen einige nette Berner Sennenhunde mit ihren Familien. Das fanden beide Hunde stets sehr schön! Berner Sennenhunde verstehen sich auf Anhieb! Und Berner Besitzer auch.

Und so trafen wir uns dann am sonnigen Mittwoch mit unserer Freundin und ihren beiden Berner Sennenrüden Zino und Tamme am Strand von Heiligenhafen. Und weil die drei Hunde sich so gut verstanden, machten wir am nächsten Tag einen langen Spaziergang am Strand von Altenteil auf Fehmarn.

In unserer Auszeit sind wir kreuz und quer über meine einstige Trauminsel gefahren, ich habe mich erinnert an jenen ersten Herbsturlaub im Oktober 1977, als ich mit meiner Mutter die Insel erkundet habe.

Damals gab es kaum Touristen und nur ganz wenige Restaurants. Was mich aber von Anfang an fasziniert hatte, das waren die weitläufigen Strände, die Farben des Himmels und des Meeres, und die Sonnenuntergänge. Damals habe ich mich in die Insel verliebt und hatte den Traum, für immer dort zu leben.

Nun habe ich über neun Jahre dort gelebt, dieser Traum ist ausgeträumt. Aber unser kleines Paradies gibt es immer noch – und meine Träume von Himmel, Meer und Strand sind nicht verloren! Sie sind noch reicher geworden, weil jetzt immer mindestens ein Berner Sennenhund dazu kommt!

Auf der Rückreise hielten wir in Delingsdorf an, wo Frieda geboren ist. Bei Frauke Daerr trafen wir gleich 14 Berner – fünf große und neun Welpen – das war der absolute Höhepunkt unserer Berner Auszeit. Und Frieda durfte mit ihren Eltern Daisy und Phil auf ein Foto.

Begrüßung durch das ganze Rudel

Neugierige Welpen

Frieda mit ihren Eltern Daisy und Phil

Nichts ist für immer

Auch im Herbst 2025 waren wir wieder auf Fehmarn – diesmal war es anders. Schon vor der Anreise hatte ich das starke Gefühl, dass ich mich nicht trennen kann – vor allem von unserem schönen Zuhause und unseren Spaziergängen im herbstlich bunten Wald.

Am Strand sind wir derartig nass geworden – so schlimm ist es im Wald nie, dachte ich. Dazu kam das Gefühl der Enge in der kleinen Ferienwohnung, wo so wenig Platz war, um die nassen Sachen aufzuhängen. Schon am Abend vor der Abreise hatte ich plötzlich an die Traumwohnung in der „Sundseele" gedacht, wo ich zweimal mit Frieda gewesen war. Zwar liegt die kleine Ferienwohnung direkt am Strand, aber ich empfand die Nachteile stärker als im letzten Jahr.

Freunde in Fehmarnsund meinten, dass ich letztes Jahr gesagt hätte, ich wollte nicht mehr nach Fehmarn kommen. Am letzten Abend hatte ich damals geschrieben: Ich glaube, es reicht, erst nächstes Jahr im Herbst wiederzukommen. Dieses Gefühl habe ich auch in diesem Jahr, einmal im Jahr ein paar Tage im Herbst, das kann ich mir auch weiterhin vorstellen. Und beim nächsten Mal buche ich wieder die schöne Wohnung in der „Sundseele", wo wir uns so wohl gefühlt haben. Denn ich möchte mich dort wohlfühlen, wo ich bin. Dieses Gefühl, dass wir zur rechten Zeit am richtigen Ort sind, hilft mir immer sehr.

Am Abend war ich mit Frieda noch mal draußen – mit Handylampe sind wir zum dunklen Strand hinunter. Der Wind blies und es regnete. Und ich merkte: Das möchte ich nicht. Denn der Wohlfühlfaktor ist bei dieser Art der Spaziergänge recht gering. Diese wenigen Tage hier auf der Insel haben mir gezeigt, dass ich anders leben will als andere es denken (oder von mir erwarten).

Wir verändern uns, wir werden älter und möchten manches nicht mehr so, wie es mal war. Eigentlich geht es doch nur darum, dass wir ein gutes Leben haben. Früher hatten wir unsere eigene kleine Strandwohnung auf Fehmarn, am Südstrand. Da könnte ich heute mit Frieda gar nicht mehr wohnen, denn dort ist es strengstens verboten, Hunde laufen zu lassen.

Aber wofür fahre ich denn sonst nach Fehmarn? Es ist doch herrlich, an einem breiten Strand zu laufen und den Wellen zuzuschauen. Am Hundestrand des Südstrands hatte ich früher sogar mal einen Strandkorb. Heute steht dort ein Schild, dass Hunde an ausgewiesenen Hundeständen an der Leine zu führen sind. Das ganze Jahr über! Ich bin mit Frieda den kilometerlangen Strand entlang am Meer gelaufen, niemand außer uns war dort unterwegs!

Ich habe schon nach der Penthousewohnung in Fehmarnsund geschaut, sie ist in den letzten Oktobertagen frei. Dann werde ich mit Frieda nur noch an den Naturstränden laufen, in Fehmarnsund, in Altenteil oder in Westermarkelsdorf. Im Jahr darauf möchte ich am liebsten mit Frieda zu genau der Zeit nach Fehmarn fahren, wo ich 50 Jahre zuvor mit meiner Mutter zum ersten Mal auf meiner Trauminsel war: 15. bis 22. Oktober! Und ich werde dann einfach mit Frieda nur noch an den Naturstränden laufen, nicht mehr am Südstrand. Aber bis dahin ist es noch lange hin.

Spaziergänge in den Bergen

Mit einer jungen Berner Sennenhündin auf der Terrasse des Hotels Armentarola sitzen und in die Berge schauen – auf diesen Teil meines Traums vom glücklichen Leben hatte ich lange gewartet.

Vor über einem Jahr war ich das letzte Mal dort gewesen – alleine, denn meine geliebte Seelenhündin Senta war ja schon im Februar 2022 gestorben, ihre Asche hatte ich im Gaderbach in Armentarola dem Fluss des Lebens übergeben.

Am Tag nach meinem Urlaub war ich nach Delingsdorf/Schleswig-Holstein gefahren und hatte die kleine Frieda zu mir geholt.

Am 17. September 2023 kam ich mit Frieda in Armentarola an. Genau wie Senta liebte sie die Hügel auf dem Hotelgelände, trank aus dem Brunnen vor dem Hotel, badete im Gaderbach und fühlte sich einfach wohl in dieser schönen Umgebung.

Senta und Armentarola gehören für mich zu den glücklichsten Zeiten meines Lebens. Und diese erste Auszeit mit Frieda setzte die Folge der glücklichen Zeiten fort.

Die Magie von Armentarola und die Energie, die ich dort immer gewinne, bewirkte eine deutliche Zunahme meines Wohlbefindens.

Glücklichsein in Armentarola

Im September 2024 haben Frieda und ich eine glückliche Woche in meinem Traumhotel Armentarola in den italienischen Dolomiten erlebt.

Schon zweimal hatte ich unseren geplanten Aufenthalt im Dezember abgesagt. Doch in diesem Jahr hatte ich vor, mit Frieda ein paar Tage im Schnee zu verleben.

Frieda liebte die Hügel auf dem Hotelgelände, und jeden Tag machten wir einen großen Spaziergang. Da ich gleichzeitig ein Autorenseminar durchführte, blieb Frieda am Nachmittag immer brav im Zimmer. So freuten wir uns dann auf unseren Winterurlaub.

Winterträume in Armentarola

Am 6. Dezember 2024 war es endlich soweit: Wir starteten zu unserer Reise in die Berge – zunächst nach Seefeld in Tirol, von wo wir am nächsten Morgen weiter nach Armentarola fuhren.

Gegen Mittag kamen wir im tief verschneiten Armentarola an – Frieda war außer sich vor Freude über den frischen Neuschnee.

Am nächsten Morgen erwartete uns eine traumhaft verschneite Winterlandschaft.

Einen Tag später schien dann schon am Morgen die Sonne und wir sahen ein Stückchen blauen Himmel. Und dann begann das Traumwetter, das für mich der eigentliche Grund ist, mitten in der dunklen Adventszeit nach Armentarola zu fahren.

Frieda musste viel lernen – draußen trafen wir Skifahrer, Schneepflüge, Pferdeschlitten und viele Spaziergänger – und drinnen gab es auch etwas zu lernen: Kaffeetrinken im Hotel. Am ersten Nachmittag setzte ich mich in meinen Lieblingssessel, da, wo ich früher immer mit Senta gesessen hatte. Das war mit Frieda nicht so einfach, da es dort einen niedrigen Tisch gibt, wo sie die Leckereien Plätzchen und Apfelstrudel

leicht erreichen konnte. An den nächsten Tagen ging ich also dann in die Hausbar an meinen Lieblingstisch, wo Frieda einen festen Platz hat. Und siehe da, das Kaffeetrinken klappte bald richtig gut – Frieda bekam eine Kaustange, als ich meinen Apfelstrudel aß.

Am letzten Morgen sah der Himmel ganz anders aus als sonst: rosa gefärbt. Da wusste ich: Nun steht bald Weihnachten vor der Tür.

Diesmal haben wir Winterträume erlebt – so schön, dass es schon fast unwirklich war. Und ich habe die Helligkeit und das Licht mit nach Bamberg genommen, wo es bis heute eher dunkel und regnerisch ist.

Aber heute, am kürzesten Tag des Jahres, dem Tag der Wintersonnenwende, spüre ich deutlich, wie mich das Licht der Hoffnung und des Friedens weiterträgt nach den schrecklichen Ereignissen des gestrigen Abends auf dem Weihnachtsmarkt in Magdeburg,

Die Wintersonnenwende gibt uns die Zuversicht, dass auch die dunkelste Nacht einmal endet und dass sich in unserem Leben alles zum Guten wenden wird.

Abenteuer in Armentarola

Diesmal war es anders als sonst.

Im September 2025 wollte ich erstmals meinen Traum, 14 Tage mit Frieda in den Bergen zu sein, verwirklichen. Meine Gedanken gingen weit zurück zum ersten Urlaub mit meinem Mann in Armentarola, als wir dort im September 2003 zwei Wochen bei herrlichem Spätsommerwetter verbrachten und viele Ausflüge machten.

So etwas hatte ich nun auch vor: Mein größter Wunsch war es, mit Frieda über die Dolomitenstraße zum Misurinasee zu fahren und den See einmal zu umrunden. Denn solche langen Spaziergänge konnte ich vor 22 Jahren mit meinem Mann nicht mehr machen.

Ich kaufte mir einen Reiseführer und plante weitere Ausflüge, denn in all den Jahren, seit ich mit Senta und dann mit Frieda in Armentarola gewesen war, waren wir immer nur kürzere Wege gelaufen, und ich wusste gar nicht so genau, wie die einzelnen Ausflugsziele hießen.

Bei der Anreise nach Armentarola am 15. September sah ich, dass der Valparolapass von diesem Tag an gesperrt war. Dadurch war unser Ausflug zum Misurinasee in Frage gestellt.

Wie gewohnt gab es nach der ersten freudigen Runde über die Hügel des Hotelgeländes erst mal das Begrüßungsbild auf der Terrasse.

Und dann, beim ersten Spaziergang, sah Frieda einen großen Hund auf dem Hotelgelände und rannte begeistert los. Die Frau nahm ihren Hund auf den Arm, um ihn zu „retten". Ihr Mann sprang wie wild herum, um sie zu „verteidigen", und schnauzte mich an, ich müsse mir einen anderen Hund anschaffen. Ihr Hund hätte doch Angst! Ich sagte: „Nein, Sie haben Angst, man nimmt doch einen so großen Hund nicht auf den Arm! Die Hunde müssen sich doch kennenlernen, wenn man in einem Hotel wohnt." Da war der Mann erst recht erbost. Leider reisten die Leute noch nicht am nächsten Tag wieder ab.

So ging es los, und in den folgenden Tagen gab es noch mehrere kleinere Zwischenfälle, die meine Laune nicht besonders steigerten. Für den Ausflug zum Misurinasee bekam ich Tipps für andere Routen und Pässe. Aber es ist nicht so mein Ding, in den Bergen auf unbekannten Routen herumzufahren. Der Misurinasee liegt 1756 m hoch im Südwesten von Cortina d'Ampezzo, er liegt vor dem Felsmassiv der Drei Zinnen und vor anderen berühmten Bergen. Der See war im Jahre 1956 Austragungsort der Eisschnelllaufwettbewerbe der Olympischen Winterspiele.

Ein anderes Problem, das sich in diesem Urlaub zeigte, waren die vielen Menschen, die unterwegs waren. Im Hotel Armentarola machten früher im September, zum Ende der Sommersaison, nur einige ältere Stammgäste Urlaub, und es war für mich immer schön, alte Bekannte wiederzutreffen. In diesem Jahr waren nicht nur viele Menschen unterwegs, sondern auch viele Menschen mit Hunden. Viele ältere Menschen haben sich während der Coronakrise einen Hund angeschafft und sind nun ängstlich darauf bedacht, dass der Hund mit keinem anderen Hund Kontakt bekommt.

Meine Urlaubsfreunde in Armentarola waren jedenfalls entsetzt, als sie hörten, dass ich mit Frieda zum Misurinasee wollte – dort hätten wir sicher auch Menschenmassen angetroffen. Der Hotelchef sagt ja immer, dass Abenteuer zum Urlaub gehören, aber er riet mir, lieber am Hotel zu bleiben, als stundenlang mit dem Hund im Auto in den Bergen unterwegs zu sein.

Nun war ich schon das vierte Mal mit Frieda in Armentarola, aber sie ist ja erst drei Jahre alt, und kennt vieles noch nicht. So erlebten wir einige Abenteuer.

Statt frühherbstlicher Kälte begann das Wetter mit starkem Sonnenschein, und Frieda weigerte sich, unseren gewohnten Weg zu gehen. Denn auf 1630 Meter Höhe „sticht“ die Sonne ganz erheblich. So bin ich einfach andersherum gegangen, und wir haben unterwegs einige Abenteuer erlebt (von den aufregenden Szenen gibt es leider keine Fotos): An einem steilen Bachufer durfte Frieda über die Felsen nach unten ins Wasser – die Leine verfing sich an einem großen Stein und ich wollte schon hinuntersteigen, da kam Frieda hochgeklettert. Sie hat ja eine enorme Kraft!

Dann ging es friedlich weiter durch den Wald, anders als am Vortag gab es zum Glück nur wenige Mountainbiker. Aber dann kam ein Mähdrescher angefahren, Frieda bekam einen Schreck, riss sich los und lief weg. Auf der anderen Straßenseite gab es eine kleine Schafherde. Ehe ich Frieda vom Zaun wegziehen konnte, hatte sie offenbar einen leichten Stromschlag bekommen, sie schrie laut auf.

An der nächsten schattigen Ecke legte sie sich erst einmal hin zum Ausruhen, ehe wir auf dem sonnigen Weg weitergingen. Von ferne näherten sich zwei Mountainbiker, Frieda hockte wie immer am Wegrand und ich hielt sie fest. Die beiden fuhren in hoher Geschwindigkeit und dachten gar nicht daran, ein wenig Abstand zu uns zu halten. Da sprang Frieda vor Schreck auf und bellte – woraufhin der Mann laut schimpfte. Na ja, so etwas haben wir ja auch zu Hause schon erlebt.

Nach einer weiteren Ausruhpause ging es weiter Richtung Hotel, und da wollte Frieda in den Gaderbach, um zu trinken. Mit einem Mal war sie auf einer kleinen Insel, und traute sich nicht, durch den reißenden Bach zurück ans Ufer zu laufen! Bis ich mich umdrehte und wegging – da nahm sie Anlauf und kam auf mich zu gerannt.

Es gab dann noch ein paar Schatten auf unserem Paradies, aber wo Schatten ist, gibt es ja auch viel Licht. So fuhren wir ein paar Tage früher als geplant nach Hause. Nach fast 10 Stunden Autofahrt mit vielen Staus trafen wir glücklich wieder zu Hause ein.

Wir waren natürlich erst im Wald, bevor wir nach Hause fuhren.

In den nächsten Tagen arbeitete ich an meinem Buch „Leichter leben“ und dachte darüber nach, ob ich überhaupt noch mal in den Urlaub fahren sollte, denn hier in Bamberg haben wir es gut, vor allem durch die herrlichen Wälder rund um Bamberg und unsere Freunde.

Denn das Schönste nach dem Urlaub ist doch das Wiedersehen mit Freunden und die entspannten Spaziergänge auf vertrauten Wegen.

Spaziergänge im Wald

Frieda ist mittlerweile 2,5 Jahre alt. Unsere Sonntagsspaziergänge sind immer etwas Besonderes, vor allem seit einem Jahr, seit Frieda sich immer wieder mal losreißt. So gehen wir immer schon um 12 Uhr los, wenn die Leute am Sonntag meistens beim Mittagessen sind.

Seit einer Woche nun gehe ich mit Frieda jeden Tag die längeren Strecken, morgens geht es dann ein größeres Stück über eine Forststraße, bis wir in einen kleinen Pfad abbiegen, wo Frieda frei laufen darf. Auch vorher schon waren wir jeden Morgen ein Stück über die Forststraße gegangen, dann lief ich schnell mit Frieda an der kurzen Leine, und sagte: Das ist meine Dankbarkeitsstrecke.

Denn ich bin jeden Morgen dafür dankbar, dass ich mein Leben selbst bestimmen kann und jeden Morgen diese schönen Spaziergänge mit Frieda machen kann. Ich muss nicht in einer Schule unterrichten oder in einem Büro arbeiten, um alles nur dem Chef recht zu machen. Ich bin mein eigener Chef, und ich kann bestimmen, wann ich arbeite und wann ich mit Frieda spazieren gehe.

Mittags gehe wir seit einer Woche immer die größere Strecke – am Bach vorbei und dann ein langes Stück über eine schmale Forststraße, bis wir wieder über eine kleine Brücke in den Wald abbiegen. Frieda läuft inzwischen fast die gesamte Strecke richtig gut an der Leine, und wir beide haben Spaß am „Zusammen"-Laufen, so nenne ich das. Also nicht „bei Fuß", sondern „zusammen". Und Frieda mag das sehr, sie schaut mich oft von der Seite an und freut sich dann über die Leckerli, die sie bekommt.

Ein (un)friedlicher Sonntagsspaziergang

Heute nun, an einem sonnigen und frostigen Sonntag im Januar, waren wir schon morgens die lange Strecke gelaufen, ohne irgendwelche Begegnungen. Diese mag ich am Sonntag nicht so sehr, weil dann viele Menschen im Wald sind, die sonst in der Woche nicht da sind, und die meinen, der Wald gehört ihnen. Aber heute morgen war alles gut, es gab nur eine größere Gruppe auf dem Parkplatz, wo Frieda gleich hinlaufen wollte, als wir zurückkamen. Aber ich ging ganz ruhig mit ihr zum Auto, wo sie brav hineinsprang und sich anschnallen ließ.

Wir waren mittags nun schon die ganze Woche immer die lange Strecke gegangen, hatten Jogger getroffen, und Spaziergänger mit ihren Hunden. Gestern am Samstag kam eine langsame Joggerin auf uns zu, Frieda setzte sich ganz ruhig hin und wir warteten, bis die Frau vorbei war. Dann gingen wir weiter. Danach sahen wir von weitem ein Paar mit Hund entgegenkommen, die bogen aber ab über die kleine Brücke, und so kam es nicht zu einer Begegnung. An der Brücke sahen wir die Leute nicht mehr, und so ging ich mit Frieda links herum, nicht wie sonst, rechts herum, wo wir immer einen kleinen steilen Hügel hinaufklettern und ich Frieda freilaufen lasse, damit ich nicht ausrutsche.

Ein Stückchen über die Forststraße, und dann wollte ich mit ihr den Hang hinaufklettern, aber stacheliges Gebüsch versperrte mir den Weg und ich ging wieder hinunter.

Da trafen wir unsere Freundin mit ihren zwei kleinen Hunden, sie knuddelte Frieda, dann spielten die drei Hunde ein wenig, bis ich dann ein Stückchen weiter den richtigen Weg hinauf auf den Hügel fand. Von weitem sah ich Leute mit Hund kommen, die aber auch von der Forststraße aus in den Wald abbogen. Also: alles gut.

Das dachte ich heute, am Sonntag, bei diesem herrlichen Wetter auch! Am Parkplatz sah ich drei Leute, die etwas übten – es sah aus wie Tanzschritte. Ich stieg aus, grüßte sie und sagte, dass mein Hund sicher gleich bei ihnen mitmachen würde. Sie lachten (bei der Rückkehr sah ich, dass sie auch Hunde dabei hatten) und blieben stehen, so dass wir an ihnen vorbeigehen konnten.

Im Wald ließ ich Frieda kurz von der Leine, sie macht ihr Geschäft am liebsten abseits vom Weg im Wald. Als alles erledigt war, ließ sie sich ruhig an die Leine nehmen und wir gingen beschwingt auf dem Waldweg der Sonne entgegen.

Mit einem Mal hörte ich einen lauten Schrei, ein Jogger war unbemerkt von hinten gekommen und wäre am liebsten zwischen uns durch gerannt – kein Gedanke, er könne mal langsamer gehen oder gar anhalten. Vor Schreck ließ ich Friedas Leine los und sie sprang aufgeregt herum.

Da fuhr er mich an: „Ich ruf jetzt die Polizei, Sie haben ja Ihren Hund nicht unter Kontrolle!" Ich antwortete, er hätte uns in einen großen Schrecken versetzt, als er so von hinten kam. Er schimpfte weiter, wenn die ihn beißt, zeigt er mich an! Ich sagte, dass Frieda niemanden beißt, sondern ein Hütehund ist und mich behütet vor so unfreundlichen Leuten wie er. Und er solle mal aufhören, so rumzuschreien! Das würde den Hund nur noch mehr aufregen. Und er solle einfach weitergehen. Frieda saß brav bei mir an der Leine, als er noch schrie: „Und gehen Sie mal in die Hundeschule!“ Und dann weiter rannte.

Oh, das war ein unfriedlicher Sonntagsspaziergang! Ich nahm mit Frieda die Abkürzung zum Rückweg durch den Wald, und ich sagte zu ihr: „Das sind die Leute, wegen denen ich immer am Morgen die Dankbarkeitsübung mache. Solche Leute treffen wir nur am Sonntag im Wald! Die müssen die ganze Woche vor ihrem Chef kuschen, am Wochenende vielleicht noch vor ihrer Frau, und dann lassen sie ihren Frust ab beim Joggen durch den Wald.“

Und so gingen wir auf dem gewohnten kürzeren Weg zurück zum Parkplatz, wo wir die drei „tanzenden“ netten Leute vom Beginn wiedersahen – sie hatten jetzt zwei Hunde aus ihrem Auto geholt und wollten zum Spaziergang starten. Frieda ging ganz brav mit mir zum Auto, ohne auf die beiden großen Hunde zu achten. Die Menschen hatten wir ja schon vorher als sehr freundlich erlebt – kein Grund für Frieda, auf die loszugehen!

Nun genießen wir den Rest des Sonntags zu Hause und freuen uns schon auf den Montag, wenn wir wieder unsere gewohnten Runden gehen können und die frustrierten Menschen wieder bei der Arbeit sein müssen. Morgen wird meine Dankbarkeitsstrecke sicher ganz besonders intensiv!

Und nächsten Sonntag versuchen wir es wieder, unsere schöne lange Strecke zu gehen, egal, wem wir dort begegnen!

Alles Käse!

Gestern waren wir ziemlich spät dran, weil ich mir am Freitag mal so richtig Zeit lassen wollte – da kam uns als erstes der nette Mann mit den beiden Cocker Spaniel-Damen entgegen, die wir schon von Anbeginn kennen. Frieda lief auf sie zu, er sagte freundlich „Hallo Frieda“, und dann gingen wir einfach weiter. Frieda lief noch frei, wie immer zu Beginn, nachdem sie ihr Geschäft im Gebüsch gemacht hat.

Dann kam uns die nette Frau mit dem weißen Hund entgegen, der immer ein wenig ängstlich ist. Frieda lief auf sie zu und dann – schnappte sie sich den Plastikbeutel mit Käse, den die Frau immer aus ihrer Tasche heraushängen lässt! Ich hatte sie schon mal gefragt, ob sie den Beutel nicht in die Tasche stecken könnte. Nun hatte also Frieda ihn „erbeutet" und lief ganz fröhlich damit herum, schließlich bekommt sie bei mir ja kaum Käse. Die Frau nahm das gelassen und meinte: „Hauptsache, Frieda frisst den Plastikbeutel nicht." Nein, der schmeckt ja nicht, der war aber dann zerrissen und überall lagen winzige Käsestückchen herum!

Noch gestern Mittag raste Frieda zu dem Waldstück und suchte die letzten Käsestückchen im Moos und auf dem Weg! Und heute morgen auch, aber auf der Rücktour war dann Ruhe, da ging sie ganz brav mit mir an der Leine.

Und auf dem Parkplatz waren Chris mit ihrer Bekannten und zwei großen Hunden noch nicht vom Spaziergang zurück, die kamen erst, als wir schon im Auto saßen. Wir haben uns freundlich gegrüßt – und so haben wir heute morgen die Scooterfahrt auch nicht miterlebt. Es hatte sich also gelohnt, früher aufzustehen.

Neulich haben wir sie mittags getroffen – sie kam auf dem Weg angefahren und sagte, sie dachte, wir wären anders herum gegangen. War aber nicht schlimm, sie bremste und konnte mit ihrem Hund an uns vorbeifahren. Aber dann, als sie wieder schneller fuhr, riss sich Frieda los und raste hinter den beiden her. Das ist wohl immer noch ihr Spieltrieb. Jedenfalls kam sie nach einer Weile zurück und wir konnten ruhig weitergehen.

Ja, das sind unsere kleinen „Abenteuer" und nun freuen wir uns auf ein schönes geruhsames Wochenende!

Jogger und Fahrradfahrer

Gestern Mittag hatten wir ein ganz besonderes Erlebnis: Wir liefen einträchtig die kleine Forststraße entlang, Frieda war locker angeleint. Dort haben wir in den letzten Tagen schon öfter Begegnungen gehabt. Einmal trafen wir zwei Frauen mit ihren Hunden – der eine 7 Monate alt, der andere 7 Jahre – und gleichzeitig kam ein Auto mit Forstarbeitern angefahren. Ich ging ruhig auf die anderen zu, wir blieben zusammen stehen, das Auto konnte einfach an uns vorbeifahren. Hinterher ging ich mit der Frau und dem 7 Monate alten Hund zusammen weiter.

Neulich kam mal eine ältere Frau angejoggt, das Laufen fiel ihr schwer, das sah man schon von Weitem. Ich ließ Frieda hinsetzen, und wir warteten, bis die Frau an uns vorbei war. Dann gingen wir weiter.

Gestern aber kam uns ein Mann entgegen – schon von weitem sah ich, dass er sein Gesicht vermummt hatte, vermutlich wegen der Kälte. Frieda riss sich los und lief ein Stück voraus – das ist oft ein Zeichen, dass sie „Gefahr" wittert und mich beschützen will. Da sah ich, dass der Mann an die Seite ging und dann mit einem 2-3 Meter langen Ast weiterlief. Frieda war natürlich sehr aufgeregt, als der Mann mit dem Ast wedelte und mich anschrie, ich solle den Hund an die Leine nehmen, schließlich wären wir ja im Wald. Ich sagte nur: „Das geht nicht so einfach auf Knopfdruck. Sie sehen doch, dass mein Hund sich losgerissen hat, als er Sie sah!" Und böse ging der Mann mit seinem Ast weiter!

Am Abend habe ich mal gegoogelt, wie das mit der Leinenpflicht in Bayern ist und fand heraus, dass Bayern das hundefreundlichste Bundesland ist, hier gibt es keine gesetzliche Leinenpflicht, auch nicht im Wald!

Heute Morgen trafen wir wieder die nette Frau mit dem großen weißen Hund und dem dicken puscheligen Fell – Balu ist schon sechs Jahre alt, und wenn wir uns treffen, freuen sich die beiden Hunde sehr über eine lebhafte Spielrunde! Ich erzählte der Frau von dem gestrigen Vorfall, und sie sagte, dass sie das Thema schon lange abgehakt hätte. Einen Hund kann man selbstverständlich frei laufen lassen im Wald, das sind ja keine Kampfhunde, die wir haben. Und wenn jemand Angst vor Hunden hat, sollte er einfach nicht im Wald joggen!

Mir fiel dann noch der nette junge Jogger ein, der uns eines Tages entgegen gejoggt kam, 30 Meter voraus sein lustiges weißes Hündchen. Er rief nur: „Einfach weiterlaufen" – und das taten wir und liefen ohne Probleme aneinander vorbei.

Einmal kam uns ein junger Mann entgegen, das war wohl noch im letzten Sommer, als Frieda gerade mal zwei Jahre alt war: Er ging langsam auf uns zu, bückte sich und rief Frieda lachend zu sich. Dann streichelte er sie und wir gingen – jeder in seine Richtung – weiter.

Neulich im Wald kam eine Joggerin angerannt – Frieda lief gerade frei und raste auf die Frau zu! Mein „langsam, langsam"-Rufen nutzte nichts. Die junge Frau hat derartig geschimpft, wie ich es überhaupt noch nie erlebt habe. „Scheiss Hund" sagte sie immer wieder. Sie hatte Pfefferspray dabei und drohte, auf den Hund zu sprühen. Ich forderte sie auf, einfach erst einmal ruhig zu werden, denn Frieda sprang ganz aufgeregt um die Frau herum. Die war aber nicht zu beruhigen, und auch meiner Bitte, einfach weiterzugehen, kam sie nicht nach. Irgendwann wurde ich ganz ruhig und Frieda setzte sich brav vor mich und ließ sich an die Leine nehmen. Die Frau schrie immer weiter – die hatte sicher zu Hause niemanden zum Zanken! – Immer wieder „Scheiss Hund" – bis auch ich mich nicht mehr beherrschen konnte mit äußerster Lautstärke rief: „Nun ist es genug!" Das muss sie dann wohl endlich kapiert haben, denn sie ging dann weiter.

Auf dem Parkplatz traf ich eine Bekannte mit ihrem Hund, und erzählte ihr das – da kam die Frau gerade vorbei! Meine Bekannte sagte nur – hier rein, da raus – jeder meint, er hätte das Recht auf seiner Seite im Wald!

Heute hatten wir ein ganz besonderes Erlebnis mit einer Fahrradfahrerin. Seit der Begegnung mit der hysterischen Joggerin gehe ich mit Frieda immer einen Waldweg, von wo wir quer durch das Gelände bergan gehen, bis wir auf dem nächsten Weg sind. Frieda kann da laufen, wie sie will, und wenn wir oben auf dem anderen Weg sind, ist sie ganz ruhig.

Heute also sah ich, dass eine Fahrradfahrerin von links aus dem „kleinen Schluchtweg" kam und dann in der Richtung weiterfuhr, in der wir auch gehen wollten! Ehe ich mich versah, riss sich Frieda los und jagte hinter dem Fahrrad her. Ich rief sie zurück, und sie kam tatsächlich zu mir. Dann sah ich, dass die Fahrradfahrerin ein Stück weiter am Weg anhielt – also band ich Frieda am Baum fest, um abzuwarten, bis sie weitergefahren wäre. Das tat sie aber nicht, ich hörte sie reden, verstand aber nichts. Schließlich kam die junge Frau zu uns zurück und fragte mich, ob ich taub sei! Ich sagte, was sie denn wolle – aber sie fragte nur immer wieder, ob ich taub sei. Dann sagte ich einfach ja, weil ich gar nicht wusste, was sie wollte! Dann meinte sie, sie würde jetzt in Gebärdensprache mit mir reden! Ich sagte: „Gehen Sie doch einfach mal weiter, wir wollen unseren Spaziergang fortsetzen!" Daraufhin meinte sie, ich sei eine Lügnerin, denn ich sei ja gar nicht taub!

Erzählte noch allerhand, ehe sie in die andere Richtung weiterfuhr: „Die Leute schimpfen immer über die Fahrradfahrer im Wald. Aber viel schlimmer sind die, die ihre Hunde frei laufen lassen!" Ich rief ihr nach: „Das ist ja nicht verboten!"

Anscheinend hatte der Karneval bei einigen Leuten das Gehirn etwas beschädigt! Und auch diese Frau hatte zu Hause wahrscheinlich niemanden zum Streiten! Aber bei mir war sie da falsch!

Ich wartete, bis sie weiter weg war – sie drehte sich immer wieder um und verschwand einfach nicht – und als sie dann endlich nicht mehr zu sehen war, band ich Frieda vom Baum ab und wir setzten in Ruhe unseren Spaziergang fort.

Frühling – Glück und Trauer

Ende März/Anfang April erleben wir eine längere Phase der glücklichen Momente bei unseren Spaziergängen. Und ich merkte, dass ich überhaupt keine Angst mehr hatte – bei bestimmten Begegnungen war ich mutiger und es ging meistens gut.

Es begann damit, dass wir Chris mit ihrem Harry begegneten. Unsere Begegnung schien diesmal fast reibungslos, beinahe wäre Frieda schon an Harry vorbei gewesen, da sagte Chris: „Wollen wir die beiden mal freilassen?“ Sie spielten und rannten herum, und sie meinte, ihr Hund kennt nur das Rennen, kein Spielen.

Einige Tage später kam sie auf dem Parkplatz an unser Auto und fragte, ob die beiden wieder zusammen laufen dürften. Sie ging ein Stück mit uns auf unserem Morgenspaziergang. Die beiden Hunde freuten sich und liefen – und Chris freute sich, auch weil ihr Hund nun endlich mal Freude am Spielen hatte. Ich sagte nur: „Sie waren ja auch immer sehr streng mit den Hunden.“ Ja, weil der eine angeblich „bissig“ war. Aber der ist ja nun schon einige Zeit tot.

Und neulich erst kam sie wieder ans Auto, die beiden Hunde liefen los und jeder machte zwischendurch sein Geschäft in den Büschen. Dann rannten sie, wobei Frieda echt Mühe hatte, hinter Harry herzurennen! Aber es entstand eine unglaubliche Energie. Chris sagte, heute hätte sie „das Monster“ dabei, das war die Hündin ihres Sohnes, die auch schon mal gerne einen anderen Hund biss, wie sie meinte. Sie kehrte dann um mit ihrem Hund und sagte noch, er würde sicher lieber weiter mit Frieda spazierengehen als mit dem „Monster“. Harry mag übrigens meine Leckerli sehr gerne, er kommt immer an und schnüffelt an meiner linken Jackentasche.

Mehrfach begegneten wir anderen Hunden, und jedes Mal ging es sehr friedlich ab. Das ist ein ganz neues Gefühl für Frieda und mich. Sie läuft morgens eine lange Zeit alleine, oft dicht neben mir, aber macht auch schon mal Abstecher ins Gehölz, kommt aber dann auf meinen Ruf „Frieda hierher“ meistens sehr schnell zurück und bremst dann kurz vor mir.

Gestern morgen kam uns eine Frau mit ihrem Mini-Aussie entgegen, die wir schon öfter getroffen hatten. Frieda freut sich immer, Bekannte zu treffen und läuft dann dorthin. Aber diesmal war es eigenartig: der kleine Hund sprang und jaulte ganz schrecklich, die Frau bedrohte ihn mit einer Wasserflasche. Das sah aus wie ein Kampf, aber nicht wie ein friedliches Miteinander. Und da Frieda und ich so etwas nicht mögen, ließ sie sich einfach weiterführen und ich wünschte der Frau noch einen schönen Tag. Aber es kam keine Erwiderung.

Am Sonntag war am Waldparkplatz viel Betrieb – eine Hundeschulgruppe hatte sich dort wohl verabredet. Lauter aufgeregte und bellende Hunde mit ihren ebenfalls aufgeregten Herrchen und Frauchen. Ich war stolz auf meine Frieda – sie ging souverän mit mir an der Leine, vorbei an drei Leuten mit kläffendem Hund von links, die sich nicht trauten, und einer Frau mit Hund an der Leine von vorne, die gelassen aussah. Nachdem sie wie gewohnt ihr Geschäft im Gebüsch gemacht hatte, ging sie brav weiter mit mir an der Leine.

Ich dachte: Ein kleiner Vorgeschmack auf das Seminar mit José Arce nächstes Wochenende, wo wir nun endgültig nicht hinfahren werden. Denn heute konnten wir einfach wieder nach Haus fahren, das könnten wir beim Seminar nicht unbedingt.

Der Tag hatte schon gut begonnen: Als wir am Parkplatz ausstiegen, kam Chris mit Harry auf uns zu und fragte, ob wir die beiden gleich mal laufen lassen wollten. Natürlich, nachdem ihr Hund von mir ein paar Leckerli bekommen hatte – die mag er sehr gerne! Wir gingen dann ein Stück in unserer Richtung, es scheint ihr inzwischen Freude zu machen, weil ihr Hund nicht nur am Fahrrad rennen, sondern auch gerne mit Frieda spielen mag.

Wir machten einen entspannten Spaziergang, und ich dachte wieder, dass wir das Seminar mit José Arce gar nicht brauchten. Frieda läuft so toll mit mir, die längste Strecke ohne Leine – und morgens treffen wir ja auch sonst niemanden.

Ein paar Tage später ging es schon recht temperamentvoll los – als wir am Waldparkplatz ankamen, stand Chris da an ihrem Auto und ihr Hund kam sofort zu mir. Sie fragte, ob wir die beiden wieder laufen lassen wollten, so wie neulich, nur heute hatte sie noch „das Monster“ im Auto, die Hündin ihres Sohnes.

Es war so schön – jeder der Hunde machte zwischendurch sein „Geschäft“ und diesmal schaffte ich es auch, ein paar Fotos zu machen. Denn die beiden sind richtig schnell! Sie meinte dann, sie müsse zurück, das „Monster“ abholen, aber für ihren Hund wäre es sicher viel schöner, weiter mit Frieda zu laufen!

Es scheint sich eine gewisse Sympathie zu entwickeln, auch zwischen uns! Und Frieda war energievoller als sonst beim Morgenspaziergang!

Sommerzeit

Heute am Sonntagmorgen sind wir aufgestanden wie immer, obwohl mir die Stunde Schlaf etwas fehlte. Unsere gute Routine hilft da weiter. Und wie zur Belohnung kamen wir heute auf einem ganz leeren Waldparkplatz an. Wie schön! Fröhlich starteten wir unseren Spaziergang, wobei ich immer wieder an den jungen Berner Sennenhund denken musste, der gerade verstorben ist, mit noch nicht ganz vier Jahren. Als ich ihn kennenlernte, lebte er bei Sentas Bruder Barni und wir haben die Familie mit dem vier Monate alten Welpen besucht! Nun sind sie schon alle im Hundehimmel: Senta, Barni und auch der junge Hund.

Auch wenn sein Frauchen und ich keinen Kontakt mehr hatten, tat sie mir doch sehr leid. Das wünscht man niemandem, dass so ein junger

Hund stirbt. Und ich fühlte gar keinen Ärger mehr über alles, was damals passiert war, sondern spürte das intensive Gefühl des Vergebens in mir. Ich bin glücklich, dass ich den damals angebotenen Welpen aus der Zucht des jungen Hundes nicht genommen habe. Und dass ich später Frauke gefunden habe mit ihren Bernern von Delingsdorf.

Diese Gedanken bewegten mich, als ich plötzlich in einiger Entfernung einen Mann mit einem braunen Hund sah. Nun, wir gingen weiter, Frieda läuft zu Beginn unseres Morgenspaziergangs immer frei, und normalerweise treffen wir hier um diese Zeit niemanden. Ich sah, wie der Mann zögerte, weiterzugehen, dann stehenblieb und rief Frieda zu, sie solle langsam weiterlaufen.

Die beiden Hunde beschnupperten sich ganz friedlich, als der Mann mich unfreundlich ansprach und meinte, sein Hund hätte Angst. Ich schlug vor, beide mal eine Runde spielen zu lassen. Das wollte er aber nicht, sondern verlangte, dass ich Frieda an die Leine nahm. Ich schlug ihm vor, seinem Hund mal die Angst abzugewöhnen, es seien doch schließlich junge Hunde, die den Umgang miteinander üben müssen. Ich wünschte ihm einen schönen Tag und ging dann weiter, rief Frieda zu mir heran und nahm sie an die Leine, um unseren Spaziergang fortzusetzen.

Als ich mich umdrehte, sah ich, dass er hinter uns herkam! Natürlich schaute Frieda sich auch um und lief nicht mit mir weiter. Da rief ich ihm zu: „Wenn Sie Angst haben, dann gehen Sie doch in die andere Richtung!“

Erst als er nicht mehr zu sehen war, konnte ich mit Frieda entspannt weiterlaufen. Warum geht so jemand nicht in den Hain, wo zur Zeit alle Hunde angeleint sein müssen? Menschen, die am Morgen mit ihren Hunden in den Wald gehen, machen das doch, damit die Hunde mal richtig laufen können nach der langen Nacht! So wie wir, die wir mitten in der Stadt wohnen, wo Frieda auf keinen Fall ohne Leine laufen darf! Ich überlegte noch, wo der Mann hergekommen war, denn auf dem Parkplatz hatte gar kein Auto gestanden! Wahrscheinlich war er einer von denen, die an den kleinen Wegabzweigungen rechts der Landstraße parkten, um bloß niemanden zu treffen!

Ich hatte auch mal Angst, vor einem Jahr ungefähr, da parkte ich ebenfalls an solchen Wegabzweigungen. Bis ich einmal schlimm gestürzt bin – von da an lief ich nur noch in dem belebten Gebiet rund um den Waldparkplatz. Denn dort trifft man immer jemanden, falls man mal unglücklich stürzen würde! Das ist mir aber dann nie mehr passiert!

Heute, als wir entspannt und fröhlich zum Parkplatz zurückliefen, kam uns auf dem kleinen Pfad vom Parkplatz ein Mann mit einem großen schwarzen Hund entgegen, der etwas an der Leine zerrte. An ihm gingen wir vorbei, die beiden Hunde haben sich kurz beschnüffelt, ich wünschte ihm einen schönen Tag, und dann ging jeder mit seinem Hund in seiner Richtung weiter. So friedlich und entspannt kann es auch gehen, wenn man sich am Sonntag im Wald begegnet!

Gedanken beim Mittagsspaziergang

„Du heißt doch Frieda, da wollen wir beide auch immer friedlich sein." Wir gehen am Sonntag auf dem ersten Stück und auf dem letzten Stück des Weges immer an der kurzen Leine, direkt nebeneinander. Wir wollen niemandem Angst machen, und ich möchte mich nicht über unfreundliche Äußerungen ärgern. Denn Menschen, die Angst haben, sprechen meist unfreundlich und negativ.

Aber ich bin nicht für die Angst anderer Menschen verantwortlich, das sind sie ganz alleine. Nur sie selbst können ihre Angst besiegen und zur Liebe finden. Dann wird sich auch ihr Hund entspannen. Denn ich glaube nicht, dass Angst haben das natürliche Empfinden eines normalen Familienhundes ist – es sei denn, er hat schon mal Fürchterliches erlebt. Aber dann ist es Sache seines Menschen, ihm die Angst zu nehmen. Und ich habe dafür keine Verantwortung.

Wenn der Mensch den Hund auch im Wald nur an der Leine hält und bei jeder Begegnung mit anderen Menschen und Hunden schon Angst hat, übernimmt der Hund dieses Verhalten. Dann wäre es vielleicht besser, mit dem Hund nur im Stadtpark spazieren zu gehen. Denn eine Umwelt OHNE Begegnungen gibt es eigentlich gar nicht – es sei denn, man wohnt irgendwo auf dem Lande weitab von jeglicher Ansiedlung. Aber auch dann können Reiter kommen, oder Autos, Fahrräder oder Motorräder …

Wir gingen nach einem ruhigen Mittagsspaziergang schon wieder Richtung Parkplatz, als Frieda plötzlich jemanden bemerkte, der weiter oben auf dem Querweg kam. Ich ließ Frieda hinsetzen und die Frau stellte sich mitten auf die Wegkreuzung und wartete auf ihren kleinen Dackel, der langsam angewackelt kam. Wir winkten uns zu, warteten noch ein wenig, bis die Frau mit ihrem Dackel weitergegangen war. Und dann ging ich ganz ruhig mit Frieda auf die Wegkreuzung zu, wo sie immer nach rechts und nach links schaut, ob jemand kommt. Dann gingen wir den kleinen Pfad entlang zum Parkplatz und Frieda sprang in unser Auto.

Was war das für ein wundervoller friedlicher Spaziergang!

Traurige Nachricht

Vorhin war ich furchtbar geschockt: Es kam die Nachricht, dass Friedas Bruder Ferdinand gestern verstorben ist! Ich habe laut geweint und konnte mich gar nicht wieder beruhigen!

Nicht auszudenken – die Hunde sind jetzt gerade mal 2 ½ Jahre bei uns!

Jetzt war ich mit Frieda zum Mittagspaziergang im Wald und habe mir überlegt, wie wichtig es ist, eine positive Haltung zu entwickeln, einfach sehr dankbar zu sein für die schöne Zeit, die wir bisher zusammen erlebt haben. Außerdem wird es ja nicht alle Hunde aus dem Wurf treffen! Wir brauchen einfach auch etwas Glück und das sichere Gefühl, beschützt zu sein!

Schließlich hat Senta so etwas nie gehabt – sie war eine starke Hündin, und Frieda ist das auch! Sogar die Gebärmutterentzündung auf der ersten Reise nach Südtirol hat Senta überlebt, obwohl mich dort eine (ehemalige) Freundin unglaublich bearbeitet hat und meinte, dass Senta die OP nicht überstehen würde. Hat sie aber, und auch später die Magendrehung-OP.

Ich glaube, es ist so wichtig, immer daran zu glauben und sich sicher zu sein, dass alles gut wird. Also: Feiern wir auch den heutigen Tag!

Glückliche Frühlingstage

Heute, am 12. April 2025 eine Woche vor Ostern, blicken wir zurück auf viele glückliche Frühlingstage. Am Montag war Frieda 2 ¾ Jahre alt und ließ sich natürlich stolz fotografieren!

Ich postete das Bild auch in der Geschwistergruppe und wünschte den Geschwistern und Halbgeschwistern einen schönen Tag! Da war ich mehr als überrascht zu erfahren, dass eine Halbschwester von Frieda Anfang Mai Welpen bekommt!

Hatte ich doch gerade erst das Gefühl, dass meine kleine Frieda nun so langsam „erwachsen" wird, aber immer noch genug Unsinn im Kopf hat, so war ich doch etwas betroffen. Ein ganz anderes Hundeleben ist das doch, wenn eine junge Hündin nur dafür angeschafft wird, um Welpen zu produzieren!

Der nächste Tag war ein Tag der besonders glücklichen Hundebegegnungen. Am Parkplatz kamen eine Bekannte mit ihrem Hund auf unser Auto zu und ich sagte, lass uns doch mal zusammen losgehen. Leider kann sie Rudi immer noch nicht frei laufen lassen, aber die beiden fast gleichaltrigen Hunde haben schön gespielt auf einem Teil unseres Weges. Dann liefen wir weiter, und trafen die beiden Bernerjungs mit ihrem Herrchen. Auf dem Rückweg kam uns Chris mit Harry entgegen. Gleich durften die beiden wieder spielen, sie kehrte um und ging mit uns zurück zum Parkplatz.

Am Tag zuvor war das schon ganz einfach gegangen mit einer Bekannten und ihrem 10 Monate alten Aussie! Die hatten wir beim Mittagsspaziergang von weitem gesehen, ich war noch etwas vorsichtig, weil ich nicht wusste, ob es der kleine aggressive Aussie von neulich war, den das Frauchen mit einer Wasserflasche bespritzt hatte!

Nein, es war Blacky, den kennen wir schon so lange, wie die Familie ihn als Welpen hat. Vor einigen Monaten hatten wir ihn mal getroffen – er war 7 Monate, ein anderer Hund 7 Jahre, Frieda 2 ½ – und alle drei hörten nicht, wie wir damals lachend feststellten! Trotzdem hatten wir alle viel Freude miteinander. Nun aber ließen wir Blacky und Frieda spielen – die Bekannte machte viele Fotos, und postete sie auf Facebook. Als wir nach Hause kamen, stand da über dem Post: UND DANN … kam Frieda.

Gestern kam uns beim Morgenspaziergang ein Jogger entgegen auf dem Waldweg, Frieda lief frei – er lief weiter, Frieda ging kurz zu ihm hin, dann kam sie zu mir zurück und wir gingen weiter! Ganz entspannt!

Ich habe zur Zeit das Gefühl, dass Frieda jeden Tag Fortschritte macht. Und ich dachte an die Zeit, als Senta in Friedas Alter war: Das war der 3. Februar 2014 und am 10. Februar starb mein Mann Hans Christian. Mir wurde klar, warum ich mich an diese schöne Zeit der Entwicklung gar nicht erinnern kann. Senta wuchs „so nebenbei" heran, und all die glücklichen Momente, wie ich sie jetzt mit Frieda erlebe, habe ich damals gar nicht wahrgenommen. Erst später, als wir die Hundefreundinnen kannten und immer zu Fuß zum Meer gelaufen sind, wurden mir all die glücklichen Momente bewusst.

Unvorhergesehen – Brüche im Leben

„Leider bin ich heute Mittag im Wald gestürzt und habe eine Fraktur in der rechten Schulter. Wir haben schon einiges organisiert, auch für Frieda. Mir ging es wohl zu gut.“

Das schrieb ich am 14. April 2025 einer Freundin.

Conny und ich hatten unseren Besuch im Seminar von José Arce an diesem Wochenende abgesagt, in Folge einer mehrwöchigen Grippe, nach der ich noch ruhebedürftig war.

Und ich fand, dass unsere täglichen Waldspaziergänge besser für uns als jedes Seminar waren. Denn Frieda lernte jeden Tag dazu und ging ganz wunderbar mit uns – mit und ohne Leine.

Jedenfalls kam mein Sturz am Montagmittag wie „aus heiterem Himmel“ – ich war über eine Astwurzel gestolpert und dabei so unglücklich gefallen, dass die rechte Schulter eine doppelte Fraktur hatte. „Manchmal hat man einfach Pech“, meinte eine Freundin. Erst viel später ging mir auf, dass ich schon zwei Tage zuvor ungefähr an dieser Stelle gestürzt war, ohne mich zu verletzen. Eine Vorwarnung, die ich ignoriert hatte?

An diesem Montag erschien ein neues Buch in meinem Verlag: *Psychisch daneben oder genial medial? Entdecke deine Spiritualität* von Annett Röller. In dem Podcast-Interview, das ich dazu veröffentlichte, sagte ich, mein Sturz sei wie eine „praktische Prüfung“ zu diesem Buch gewesen, auf dessen Rückseite steht: „Lass dich inspirieren – dein Weg zur Selbstheilung beginnt hier!“

Und mir fiel ein, dass ich so einen Sturz „aus heiterem Himmel“ schon einmal vor fast 10 Jahren erlebt hatte, auch in einer ganz glücklichen Situation. Damals musste ich mit einem vierfachen Unterkieferbruch zehn Tage in die Uniklinik Lübeck. Und am Tag des Unfalls war das Buch *Gedankenpower – Gesund durch mentales Selbstmanagement* von Sonja Volk erschienen, das viel Mut gemacht und positives Denken gefördert hatte.

Vor allem hatte meine positive Haltung meine Heilung enorm beschleunigt – ich hatte am Tag nach der OP Schmerzmittel abgelehnt und mit einem täglichen Lauftraining auf dem Klinikgelände begonnen, um wieder fit zu werden, außerdem habe ich tapfer mit zugebundenen Zähnen all die Suppen und Sahnejoghurts gegessen, um wieder zu Kräften zu kommen. So konnte ich kurz nach dem Klinikaufenthalt zu einem Konzert nach Berlin fahren.

Damals hatten mich einige – eher „esoterisch“ ausgerichtete – Freunde nach den Ursachen des Sturzes gefragt. Diese habe ich aber erst viel später erkannt. Und so ähnlich war es auch diesmal, wobei ich diese Art zu denken heute „spirituell“ nennen würde und mir die Fragen selbst gestellt habe. Drei Tage nach dem Sturz setzte ich die Schmerzmittel ab, legte den einengenden Gilchristverband zeitweise ab und begann, mir etwas zu kochen.

Am Karfreitag postete ich auf Facebook: „Ich bin sehr dankbar, dass mir dies nach einer langen Reihe von glücklichen Tagen mit schönen Spaziergängen im sonnendurchfluteten Wald passiert ist: Denn nichts ist selbstverständlich, und nichts ist für immer. Und als ich gestern Mittag zum ersten Mal wieder Gemüse geschnippelt habe, hörte ich das Lied *Du kannst fliegen* von Reinhard Mey, und mit einem Mal wusste ich, warum ich das schon vor einigen Wochen so oft gehört hatte!"

Und nun war ich „geflogen" – und hatte den Waldboden „geküsst". Völlig unvorhergesehen! Das Herrchen der Bernerjungs hatte mir seine Hilfe angeboten, aber Frieda wollte nicht zu ihm ins Auto einsteigen. Daher war ich sehr dankbar dafür, dass einige Nachbarn bereit waren, Frieda tagsüber abzuholen und mit ihr Gassi zu gehen – stets nur kurz, das konnte daher kein Dauerzustand werden. Denn mein Wunsch, der Bruch würde sofort heilen, war mehr als unrealistisch, das merkte ich bei jeder Bewegung. Aber ich jammerte nicht darüber, was ich NICHT KONNTE, sondern sagte, was ich KONNTE. Und das wurde immer mehr, denn ich machte viel mit links, aber auch mit der rechten Hand, denn die war ja völlig intakt. Nur durch den Verband war der rechte Arm in der Bewegung eingeschränkt, um die Schulter zu schonen.

Nach einem trüben und kalten Karfreitag habe ich in einer fast schlaflosen Nacht eine Vision für die nächsten Wochen entwickelt. Noch am Gründonnerstag hatte ich geschrieben: Sicher können wir bald wieder vergnügt auf dem Sofa sitzen. Und dann dauert es nicht mehr lange bis zum ersten Waldspaziergang. Nun saßen wir sehr vergnügt auf dem Sofa und haben uns mit Conny auf das Osterfest vorbereitet – und auf den ersten gemeinsamen Waldspaziergang. Frieda feiert immer gerne mit uns, und so wurde dieser sonnige Ostersamstag zu einem Festtag – mit Sekt und Friedapralinen. Nun konnte es Ostern werden.

Am Ostermontag war es dann so weit: Die Vision, die ich in der schlaflosen Nacht von Karfreitag auf Ostersamstag entwickelt hatte, haben Conny, Frieda und ich umgesetzt: der erste gemeinsame Waldspaziergang nach meinem Sturz vor einer Woche. Und es ist gut gegangen: Conny fuhr mit meinem Automatik-Auto, das Frieda ja gut kennt, Conny aber nicht so gut. Und wir gingen den Weg, den wir jeden Morgen gehen, nur an der Leine ging Frieda mit Conny, statt mit mir. Weite Strecken lief Frieda ohne Leine neben uns her. So könnten wir das in den nächsten Wochen fortsetzen und ich würde nach und nach das übernehmen, was ich schon konnte.

Das war für mich mein ganz persönliches Osterwunder. Und ich dankte Conny für ihren Mut, sich darauf einzulassen.

Endlich begann der Mai, der für mich schönste Monat des Jahres!

Schon dreieinhalb Wochen nach dem Unfall durfte ich den lästigen Gilchristverband ganz ablegen, allerdings ging ich noch nicht mit Frieda an der Leine. Wir feierten einen schönen Happy Dog Mums Day.

Ein lieber Nachbar kam jeden Mittag, um Frieda abzuholen zum Gassi, dann die Futterdose zu öffnen und Frieda das Essen in ihrem Napf zu servieren. Es entwickelte sich eine schöne Beziehung zwischen ihm und Frieda, und wir erzählten uns immer kleine Begebenheiten aus der Nachbarschaft. Als Conny dann drei Tage nicht da sein würde, war der Nachbar sofort bereit, Frieda auch am Morgen auszuführen.

Mein Plan für die Waldspaziergänge und die Nachbarschaftshilfe reichte bis zu meinem Geburtstag – die lieben Freunde, die mir mit Frieda geholfen hatten, hatte ich zu einem Abendessen eingeladen.

Im Wald trafen wir immer wieder Chris und Harry sowie die beiden Berner Jungs mit ihrem Herrchen, so dass Frieda oft Unterhaltung und

Spielkameraden hatte. Natürlich war sie auch sehr glücklich, dass sie nun mit Conny und mir jeden Morgen spazieren gehen konnte! Sie hat ganz viel gelernt in diesen Wochen.

Die drei Tag ohne Conny waren lang, und so kam ich auf die Idee, mal auszuprobieren, ob ich schon wieder Autofahren konnte – natürlich erst einmal nur in der Tiefgarage. Das ging völlig schmerzlos, und so bin ich am Tag vor meinem Geburtstag schon wieder selber Auto gefahren und habe Frieda an der Leine geführt.

Und dann kam der Tag, an dem ich zum ersten Mal wieder alleine mit Frieda im Wald spazieren gegangen bin. Alles ging gut. Ich habe dann den ruhigen Samstag genossen und mir die Zeit genommen, über meinen Geburtstag und alles, was sich seitdem ereignet hatte, zu reflektieren. Und am Nachmittag haben wir mit Conny den Abschluss unseres erfolgreichen Team-Projektes gefeiert!

Conny erzählt: Der Unfall

Dann kam der Moment, der vieles veränderte: Beate hatte einen Unfall. Am Montag vor Ostern rief sie mich ganz verzweifelt an: „Conny, ich bin gestürzt! Hilfst du mir mit Frieda?“ Sie war im Wald beim Spaziergang mit Frieda gestürzt, war mit Mühe und Not unter großen Schmerzen nach Hause gefahren und musste sofort zum Arzt.

Natürlich eilte ich zu ihr, um mich um Frieda zu kümmern. Frieda begrüßte mich wie immer stürmisch, Beate war völlig am Ende. Nach dem Arztbesuch stand fest: Ihre Schulter war gebrochen. Ihre erste Sorge galt – wie könnte es anders sein – Frieda. Wer würde nun mit ihr spazieren gehen? Wer könnte die täglichen Runden im Wald übernehmen?

Zunächst half ein lieber Nachbar aus dem Haus, der Frieda für die kleinen Pipirunden übernahm. Ich selbst ging einmal täglich eine größere Runde für das „große Geschäft“. Doch Beate grübelte weiter, bis sie schließlich die Idee hatte: „Conny, meinst du, du könntest mit mir zusammen in den Wald fahren? Ich kann zwar nicht allein mit ihr gehen, aber vielleicht schaffen wir es gemeinsam …?“ Ohne lange zu zögern, sagte ich „Ja, klar!“

Am Ostermontag ging's los. Nachdem ich Beate geholfen hatte, ihren Schulterverband anzulegen, schnallte ich Frieda das Geschirr um. Dann fuhren wir los. An Beates Automatik-Auto musste ich mich erst gewöhnen, doch bald hatten wir auch das im Griff. Am Waldparkplatz angekommen, führte ich Frieda, während Beate vorsichtig hinterherging – sie zeigte mir, wo ich Frieda an der Leine führen und wo ich sie loslassen konnte.

Für mich war es ein ganz neues Erlebnis, Frieda ohne Leine laufen zu sehen. Fröhlich sprang sie davon, verschwand ein Stück im Wald, erledigte in Ruhe ihr Geschäft und rannte weiter zu kleinen Tümpeln. Man merkte ihr an: Sie war in ihrem Element und genoss ihre Freiheit.

Beate erklärte mir unterwegs die Strecken, die sie sonst immer gemeinsam liefen, und zeigte mir die neuralgischen Stellen – dort, wo oft Jogger, Radfahrer oder andere Hunde auftauchten. So lernte ich schnell, worauf es ankam.

Als wir schließlich wieder am Auto ankamen, waren wir alle mächtig stolz, dass es so gut geklappt hatte. Beate strahlte trotz Schmerzen und meinte erleichtert: „Siehst du, Conny, so schaffen wir das zusammen." Auch ich war glücklich, diesen Weg mit ihr und Frieda gehen zu dürfen.

Conny erzählt: Waldbaden mit Frieda

Nun hatten wir also eine neue Routine: Jeden Morgen ging ich zu Frieda und Beate, und gemeinsam fuhren wir in den Wald. Für Frieda war es immer ein kleines Abenteuer, während Beate und ich die Spaziergänge als erholsam empfanden.

Frieda flitzte durch das Grün, schnupperte hier, tapste dort und entdeckte jeden Baumstamm und jedes Tümpelchen. Beate und ich plauderten währenddessen miteinander, immer Frieda und mögliche Begegnungen im Blick.

Jeden Tag aufs Neue erzählte mir Beate, wie sehr sie die Spaziergänge genoss und wie sie ihrer Genesung halfen. „Es ist wie unser eigenes, kostenloses Waldbaden", lachten wir oft, während Frieda fröhlich vorauslief und uns den Weg durch den Wald zeigte.

Für Frieda und mich waren diese Spaziergänge etwas ganz Besonderes. Sie orientierte sich an mir, kam angerannt, wenn ich sie rief, um sie wieder an die Leine zu nehmen, und wedelte dabei freudig mit dem Schwanz. Ich übernahm Beates Rolle, doch gleichzeitig war Frieda mit mir ganz anders – wild, verspielt und voller ungestümer Lebensfreude.

Wir wurden ein richtiges Team. Frieda sprang aufgeregt herum, sobald ich morgens kam, bellte leise vor Freude und stupste mich mit der Nase an, als wollte sie sagen: „Los, los, wir gehen in den Wald!" Sie wusste genau, dass sie nun mit ihren beiden Frauchen in ihr geliebtes Grün durfte, und das spürte man in jedem fröhlichen Hüpfer und jeder schnellen Wendung, die sie machte.

Besonders schön waren die Begegnungen mit anderen Hunden, allen voran mit dem Hund von Chris. Die beiden so unterschiedlichen Vierbeiner – Frieda, der knuddelig-tapsige Berner, und der schlanke sportliche Harry – spielten und rannten wie verrückt miteinander durch den Wald.

„Schau mal, sie verstehen sich so gut!", rief Beate lachend, als Frieda und Harry hintereinander herjagten. „Ja, unglaublich, wie unterschiedlich sie sind und trotzdem so gut zusammenspielen!", antwortete ich, während ich die beiden im Blick behielt.

Es war so schön zu sehen, dass es auch problemlose Hundebegegnungen gibt, voller Freude, Energie und unbeschwerter Spielfreude. „Da könnten sie stundenlang so weiterspielen!", meinte Beate, und ich nickte zustimmend, glücklich, diese Momente zu erleben.

Conny erzählt: Zurückgewonnene Selbstständigkeit

Fast täglich fuhren wir nun in den Wald. Ich saß am Steuer, Beate neben mir, und hinter uns lag Frieda, vergnügt und voller Erwartung.

„Sie weiß schon, wohin es geht“, sagte Beate lächelnd und deutete nach hinten. Ich nickte. „Sie liebt den Wald – so wie wir.“

Die Spaziergänge wurden mit der Zeit ein festes Morgen-Ritual. Ich kannte inzwischen alle Wege, wusste genau, wann ich Frieda von der Leine lassen konnte und wann wir mit Begegnungen rechnen mussten.

Doch selbst diese Momente verliefen zunehmend entspannt, und Beates Genesung schritt spürbar voran.

„Es ist, als würde die frische Luft alles leichter machen“, sagte sie eines Tages.

„Und du wirst jeden Tag stärker“, antwortete ich.

„Ich wusste ja, wir schaffen das“, lachte Beate

Eines Morgens überraschte mich Beate: „Heute fahre ich wieder selbst“, sagte sie entschlossen und nahm die Schlüssel in die Hand.

„Großartig!“, freute ich mich. So schnell war sie wieder gesund geworden.

Nach einigen Wochen traute Beate es sich auch zu, Frieda selbst zu führen. Stück für Stück hatte sie ihre Eigenständigkeit zurückgewonnen, bis sie schließlich wieder alleine mit Frieda in den Wald fahren konnte.

Und doch blieb etwas von unserer gemeinsamen Zeit bestehen: Die Waldspaziergänge hatten uns verändert, hatten Vertrauen wachsen lassen – zwischen Beate, Frieda und mir. Wir waren ein gutes Team geworden.

Meine samstäglichen Hain-Spaziergänge mit Frieda sind mittlerweile ein liebgewonnenes Ritual. Und manchmal fahren wir sogar noch zu dritt in den Wald. „Waldbaden mit Hund“ – was gibt es Schöneres!

Sie sind ein Heilwunder!

Das hatte mein Arzt zu mir zehn Wochen nach dem Sturz gesagt! Er war ganz begeistert nach den aktuellen Röntgenaufnahmen, wie gut meine Schulter geheilt ist! Wie neu – meinte er! Und das bei einer 73 Jahre alten Schulter!

Schon einige Tage vor meinem Geburtstag reizte mich mein Flügel – und dann habe ich es ausprobiert: ICH KANN DAS! Ohne jegliche Schmerzen habe ich MY WAY gespielt!

In den nächsten drei Tagen war Conny nicht da, unsere Geduld wurde auf eine harte Probe gestellt. Aber Frieda hat das ganz toll gemeistert. Da kam ich auf die Idee, mal auszuprobieren, ob ich schon wieder Autofahren konnte – natürlich erst einmal nur in der Tiefgarage. Das ging völlig schmerzlos, und so bin ich am Tag vor meinem Geburtstag schon wieder selber Auto gefahren und habe Frieda an der Leine geführt. Conny hat uns begleitet. !

Die Natur heilt – wir nehmen sie mit allen Sinnen auf. Das frische Grün der Bäume, das Licht zwischen den Zweigen – und dann die Freude über Frieda, die zunehmend selbstständiger neben uns herlief!

Und die schönen Gespräche mit Conny, die nicht fassen konnte, dass ich tatsächlich einen Tag vor meinem Geburtstag schon wieder selbst Autofahren und Frieda führen konnte – genauso, wie ich mir das vor vier Wochen gewünscht hatte!

Bei den Waldspaziergängen habe ich auf meine eigene Intuition gehört und die Zeit „nach dem Bruch" genutzt, um neue Wege zu finden. So fand ich Klarheit über Veränderungen in meinem Leben.

Ich bin froh und dankbar für die Hilfe, die ich von Conny bekam. Wir sind Freundinnen geworden in dieser Zeit, und Frieda hat eine unglaubliche Entwicklung erlebt! Ja, ich gehe sogar soweit zu sagen, dass unsere Verbindung noch tiefer geworden ist. Unsere gemeinsamen Spaziergänge und Gespräche im frühlingshaften Wald haben das Wunder meiner Heilung bewirkt, da bin ich mir ganz sicher. Ich bin stark geworden, stärker als vor dem Bruch, und ich kann heute anderen Menschen Kraft und Energie geben auf ihrem Weg zu einem leichten, gesunden und erfolgreichen Leben.

Am letzten Tag dieses unglaublichen Monats Mai, der für mich sehr viel Wandel gebracht hat, fand ich den Spruch: „Stehe über Kleinigkeiten und denke, glaube, handele, träume, lebe, liebe, lache immer größer. Dann werden die Wunder deines Lebens nicht ausbleiben."

Denn ich bin mit Mut und Zuversicht durch diesen Monat Mai gegangen. Was ich in diesen Frühlingstagen 2025 gespürt habe: Nichts bleibt, wie es war. Auch die schlimmsten Lebensphasen vergehen und es wird wieder besser. Und plötzlich spüre ich, wie meine Kräfte zunehmen, trotz der Brüche. Denn „Brüche im Leben" bedeuten für mich eine Veränderung der Lebenssituation, und dafür bin ich sehr dankbar.

Licht und Schatten

Begegnungen mit Menschen

Im Wald gibt es immer wieder nette und weniger nette Menschen. Die Hunde sind eigentlich meistens nett, oder sie sind einfach so wie ihr Frauchen oder ihr Herrchen. Auf dem großen Waldparkplatz treffen sich viele Leute. Heute erlebten wir wieder mal etwas Eigenartiges: Ein Hund lief auf dem Parkplatz herum, sein Frauchen stand am Auto und checkte die Mails. Der Hund saß neben ihr. Ich fragte, ob sie wegfahren wollte – nein, sie wartete auf eine Bekannte mit Hund, und sie hätte auch noch einen Hund im Auto.

Frieda war inzwischen ausgestiegen und saß wie angewurzelt da, schaute den anderen Hund an – das war eine Rasse, ähnlich dem großer Schweizer Sennenhund. Davon fühlte sie sich magisch angezogen. Aber die Frau schien es nicht zu wollen, dass die beiden Hunde sich begrüßten – ihre mögen keine Berner Sennenhunde, meinte sie, und der, auf den sie noch wartete, sei unverträglich.

Ich ließ Frieda wieder ins Auto einsteigen und setzte mich hinein und wartete. Dann holte die Frau ihren zweiten Hund aus dem Auto und stellte sich neben unser Auto, am Beginn der Forststraße. Ich fragte sie, ob sie nicht mal losgehen wollte, nein, sie wartete dort, sagte sie.

Ich ließ Frieda nun einfach los und ging an denen vorbei – sie meinte noch, ich müsse sie nur wegziehen. „Das kann man nicht mit einem Berner Sennenhund", sagte ich, sie aber meinte, das sei ganz einfach, sie hätte auch schon Berner Sennenhunde gehabt. Und ich sagte nur: „Sie vielleicht, aber ich nicht."

Und wie durch ein Wunder ging Frieda nun mit mir weiter und wir konnten in Ruhe und Frieden unsere Runde durch den Wald laufen.

Einige Tage vorher hatte Frieda so etwas schon mal gemacht, aber da war es eine Bekannte mit einer Hoverwart-Hündin in Friedas Alter, die wir kannten. Die unterhielt sich auch am Auto mit einer anderen Frau. Ich ließ Frieda los, aber sie kam mir nicht hinterher. Sie wartete auf ihre „Freundinnen“ – und die Frau kam dann tatsächlich mit beiden Hunden hinterher und wir machten zusammen einen langen Spaziergang, bei dem die beiden Hunde richtig schön spielen konnten! Und wir haben uns gut unterhalten.

So treffen wir immer wieder ganz unterschiedliche Menschen – neulich an einem Sonntag, als wir etwas später unterwegs waren, trafen wir mehrere „unverträgliche“ Hunde, bei denen die Frauchen schon von weitem riefen, dass ihr Hund „unverträglich“ sei. Wir sind dann auch einer Gruppe mit zwei Frauen und ca. 8-10 kleinen Hunden begegnet und einfach daran vorbei gegangen.

Neulich lief Frieda zu einer Frau hin, die Heidelbeeren pflückte. Sie blieb ganz ruhig und freundlich und sprach mit Frieda. Später erfuhr ich, dass sie selber Schäferhunde hat und dass wir uns schon mal getroffen hätten. Als wir uns noch unterhielten, sahen wir oben an der Wegkreuzung Chris mit Harry, der gleich auf Frieda zulief, als sie uns erkannten. Wir haben uns dann zu dritt unterhalten und dieses schöne Foto ist entstanden. Das war eine glückliche Begegnung.

Eigentlich haben wir jeden Tag glückliche Momente bei unseren Spaziergängen – oft treffen wir niemanden, Frieda springt durchs Gehölz, schnüffelt hier und da und ist einfach frei und glücklich. Und ich auch. Ich habe mich wieder an die alte Regel gewöhnt, immer zwei Schritte voraus zu schauen – dann stürzt man nicht so schnell. Leider hatte ich das an dem Tag vor einigen Wochen nicht getan – ich war unkonzentriert und abgelenkt – und ich war auch gestresst!

Harmonische Morgenspaziergänge

Der Morgenspaziergang war heute besonders harmonisch.

An der ersten Wegkreuzung sahen wir eine Frau mit Hund, die auf unserem gewohnten Weg ging. Also nahm ich den anderen Weg mit Frieda, wo es leicht bergan geht. Und an der ersten Kreuzung sagte ich plötzlich: „Komm, wir gehen mal hier rechts hinunter.“ Den Weg waren wir schon sehr lange nicht mehr gegangen.

Nach meiner Heilungszeit waren wir immer nur dieselbe Strecke am Morgen gegangen. Und irgendwann hatte ich begonnen, am Nachmittag mit Frieda zum Wald zu fahren. Dann gingen wir nur eine kürzere Runde, die mit unserer Morgenrunde identisch war. Das war viel besser als die Mittagsspaziergänge früher vor meinem Sturz.

In der ersten Hitzeperiode beschloss ich, mittags mit Frieda zu Hause zu bleiben und nur kurz eine Runde auf unserem Grundstück machen. Am Nachmittag, ab 17 Uhr oder noch später, konnten wir dann langsam auch bei Hitze die kleinere Runde laufen.

Heute gingen wir jedoch den kleinen „Schluchtweg" hinunter, wie ich ihn immer genannt hatte, und anschließend weiter über den schönen, schmalen Wiesenweg. Danach waren wir immer links abgebogen und liefen quer durch das Gelände. Dort gab es keine Fahrradfahrer, keine Reiter und auch keine anderen Menschen mit Hunden.

Heute ging ich also wieder dort – Frieda lief ganz frei neben oder kurz vor mir. Wir erkannten kaum den Eingang zu dem kleinen Weg, über den Sommer war er ganz zugewachsen. Und so gingen wir den nächsten kurzen Weg bis zum Hochsitz, und dann quer durchs Gebüsch hügelan – so wie früher. Es war schön. Und auf dem letzten Stück lief Frieda wieder voraus, weil ich vorsichtig war wegen der vielen Äste, die dort liegen. Sie lief dann auf den gewohnten Spazierweg, der uns hügelabwärts führt.

Und plötzlich sah ich die Frau mit dem kleinen Hündchen vor uns – Frieda lief hinterher, aber holte sie nicht ein, sie lief langsam, weil ich auch rief. Die Frau schaute sich um, und ließ dann ihr Hündchen von der Leine. So konnte Frieda das kleine Hündchen begrüßen, und ich begrüßte die nette Frau, die gleich sagte: Nein, spielen sollen sie aber nicht. Ihr Hündchen wäre schon 14 ½ Jahre alt. Frieda reagierte ganz zurückhaltend, als ob sie das verstanden hätte.

Wir gingen dann zusammen weiter, beide Hunde ohne Leine.

Die Frau erinnerte sich an Friedas „wilde“ Zeit. Wir gingen in aller Ruhe und sehr harmonisch zusammen zum Parkplatz zurück, und die Frau meinte, wie toll Frieda sich entwickelt hätte. Frieda hatte auch sofort reagiert, als die Frau ihr Hündchen von der Leine losmachte und sagte, es solle aber nicht spielen. Sie lief dann ganz ruhig mit uns.

Ich erzählte ihr von Friedas Welpenzeit auf dem Hof mit den vielen Geschwistern, großen Hunden und Pferden. Und dann gingen wir einträchtig und harmonisch bis zum Parkplatz zusammen weiter. Das war der wundervolle Beginn eines schönen Sonntags.

Zwei Tage später: Wir hatten schon einen langen Morgenspaziergang, und auf dem letzten Stück kam uns eine beleibte Frau mit drei freilaufenden großen Hunden entgegen, ging sofort vom Weg ab ins Gebüsch, aber der eine trottete zielstrebig den Hügel bergan auf uns zu, obwohl sie etwas hysterisch „Nein!“ schrie. Ich nahm Frieda an die Leine und wir hielten auch am Wegrand – der Hund kam auf uns zu, ich sagte „Hau ab“, aber das interessierte ihn nicht. Dann beschnupperte er Frieda und sie ließ es sich gefallen.

Die Frau kam mit den anderen beiden Hunden hinterher, sie war hektisch – und ich sagte nur: „Es ist doch alles ganz friedlich. Wir sind ja auch friedlich.“ Sie meinte „Nein, nein, wenn der Hund den anderen anspringt …“ Davon war aber gar nichts zu bemerken, und ich wünschte ihr noch einen schönen Tag und ging in Ruhe mit Frieda zum Parkplatz zurück.

Trauma auflösen

Heute, am 15. August 2025 ist Feiertag in Bamberg – und wir gingen am Nachmittag in den Wald, um unseren kurzen Spaziergang zu machen. Auf dem gewohnten Weg sah ich jemanden kommen und ging mit Frieda einfach zum nächsten Weg, der ein wenig bergan führt. An der Wegkreuzung sahen wir Fußgänger, die von links auf unseren Weg zukamen. Und ich bog mit Frieda ab in den „kleinen Schluchtweg". Er führte erst ein wenig steil nach unten, und Frieda lief los, weil sie da irgendwo einen Tümpel kennt. Aber zur Zeit ist wirklich alles ausgetrocknet. Die Fußgänger standen oben am Weg und schauten zu Frieda hinunter, die aber war brav und kam schließlich zu mir zurück.

Wir gingen weiter, und da ich wegen der Hitze nur eine kleine Runde geplant hatte, gingen wir unten am Weg recht herum – da, wo wir früher in der Mittagszeit immer in der entgegen gesetzten Richtung unterwegs waren. An der nächsten Abzweigung bogen wir wieder rechts ab Richtung Parkplatz – und befanden uns auf dem schattigen Weg, den ich früher so geliebt hatte – aber wo ich am 14. April gestürzt war. Wir gingen jetzt nur in umgekehrter Richtung wie an dem Tag des Unfalls. Ich schaute den Boden an – so viele Astwurzeln waren dort zu sehen! Ich versuchte mich zu erinnern, wo ich denn gestürzt war – konnte aber die Stelle nicht ausfindig machen. Zusammen mit Frieda gelangte ich ohne ein einziges Stolpern zum Parkplatz zurück.

Das Trauma war offenbar aufgelöst.

Am nächsten Tag gingen wir dieselbe Strecke zusammen mit Conny, ich erzählte ihr von dem eher zufälligen Spaziergang am Vortag – und hatte keinerlei Befürchtung mehr, dort wieder zu stolpern.

Nun kann ich darüber lachen. Den Weg achtsam noch einmal gehen und sich von Conny begleiten lassen und ihr davon erzählen – das war ein gutes Heilmittel für mich!

Auf alten und neuen Wegen

Heute kamen uns Chris und Harry auf dem schmalen Wiesenpfad entgegen – freudig begrüßten wir uns und ich sagte: Wir gehen gerne ein Stück mit euch mit! Und so kamen wir erstmalig nach langer Zeit wieder zu der Brücke über den Bach, wo wir im vorigen Jahr mit der

Berner Sennenhündin Maja und ihrem Herrchen gegangen waren – das war ja damals eine große Befreiung gewesen, Frieda durfte zum ersten Mal nach monatelangem strengem Spazierengehen an der Leine wieder frei laufen – und es hatte geklappt. Leider starb Maja kurz darauf, aber wir gingen diesen Weg oft. Bis ich im Frühjahr nach einigen unangenehmen Begegnungen beschloss, dort nicht mehr zu gehen.

So war es heute umso schöner, dass wir über die Brücke gingen und dann auf der anderen Seite links herum gingen – dort war ich noch nie gewesen, obwohl mir einige Leute gesagt hatten, dass man dort eine schöne große Runde gehen könnte. Aber ich hatte ein wenig Angst gehabt, mich alleine so weit in den Wald hineinzubewegen.

Wir gingen eine große Runde, unterhielten uns gut dabei – und unsere Hunde wohl auch. Der sechsjährige Harry ist inzwischen ein Vorbild für Frieda – und so machte sie es ihm direkt nach, als er sich am Wegesrand in etwas stark Riechendem wälzte. Ich hatte dann die ganze Woche Freude an Friedas neuem Geruch!

Wir gelangten dann zu der Stelle am Bach, wo Frieda früher immer gebadet hat. Beide Hunde hatten ihre Freude daran. Erfüllt und auch ein wenig erschöpft von dem 4 km langen Rundweg kamen wir am Parkplatz an.

Bedrohung

Heute hatten wir ein eigenartiges Erlebnis – nach einem sehr harmonischen Spaziergang gingen wir zusammen an der Leine den kleinen Weg auf den Pfad zum Parkplatz zu. Eine Frau mit großem Hund bog ein – ich konnte sie nicht erkennen, dachte, vielleicht ist es eine Bekannte. Denn wenn sie uns nicht begegnen wollte, hätte sie ja einen anderen Weg wählen können.

Die Frau stellte sich neben den Weg und rief etwas – sie wollte, dass wir an ihr vorbeigingen. Wir liefen ganz ruhig weiter, aber als wir näherkamen, sah ich, wie sie uns eine Pfefferspray-Flasche entgegenhielt und schrie: „Wenn Sie näherkommen, dann wehre ich mich!“

Frieda bellte kurz und lief dann los – sie hatte das als Bedrohung empfunden, wie ich auch, und nun kam ihre Eigenschaft als Wachhund zum Vorschein. Sie wollte mich beschützen, wie schon öfter mal, wenn uns im Wald jemand unfreundlich entgegenkam.

Ich fragte: „Warum sind Sie so aggressiv an einem so herrlichen Morgen?“, nahm Frieda wieder an die Leine und ging ruhig weiter. Sie aber schrie: „Ich bin wütend, wenn ich Leute wie Sie sehe, die ihren Hund nicht an der Leine halten.“

Ich wünschte ihr noch einen schönen Tag und ging nachdenklich weiter. Frieda und ich waren doch ganz ruhig den Weg entlang gegangen, Frieda war an der Leine – sie lief erst los, als die Frau uns bedrohte.

Zu Hause schaute ich im Internet nach und fand die Erklärung für Friedas Verhalten:

„Der Berner Sennenhund ist zwar ursprünglich ein Wachhund, aber er ist kein aggressiver Wachhund. Er ist eher ein wachsamer, selbstbewusster und gutmütiger Familienhund, der sein Revier beschützt, ohne dabei aggressiv zu sein.“

Unangenehme Begegnung

Heute Morgen erwarteten uns Chris und Harry am Parkplatz und wir gingen direkt zusammen los. Einen etwas anderen Weg, den ich noch vom vorigen Jahr kannte. Ich gehe dann gerne einfach mit – und so gingen wir auf einen Hügel hinauf, wo ich noch nie gewesen war. Dann auf dem Forstweg beobachtete ich, wie Frieda neben Harry herlief – fast wie ein Gespann – nur Harry lief ein Stück vor seinem Frauchen an der Leine, und Frieda lief frei eben ihm.

Wir begegneten Bekannten mit jeweils zwei Hunden – der eine ließ seine beiden Australien Shepherds brav neben sich hinsetzen, der andere kam uns mit seinen Cocker Spaniel-Damen entgegen, und wir gingen einfach aneinander vorbei.

Aber dann, nach dem Bad im Bach, kamen uns auf einmal zwei etwas beleibte Frauen mit vier Hunden entgegen – die eine erkannte ich sofort, weil sie sich vor einigen Wochen mal etwas ungewöhnlich am Parkplatz aufgeführt hatte. Der eine Hund lief auf Frieda zu und Harry gebärdete sich wie wild! Chris schrie der Frau zu, sie solle ihre Hunde an die Leine nehmen und ging dann mit ihrem Hund ein Stück vom Weg in den Wald. Mir rief sie zu, ich solle mit Frieda weitergehen, aber Frieda setzte sich am Wegesrand hin und bewegte sich nicht mehr, bis die beiden unsympathischen Frauen mit ihren Hunden vorbei gegangen waren.

Trauma auflösen (2)

An diesem Samstag war es kühl und wir gingen erstmals mit Conny den Weg durch den Wald bis zum Bach. Dort war ich so lange nicht mehr gelaufen, wegen der unangenehmen Begegnungen: die kreischende Joggerin, die uns mit Pfefferspray bedrohte, und der joggende ältere Mann, der die Polizei holen wollte.

Er war lautlos von hinten angejoggt gekommen, Frieda und ich liefen einträchtig nebeneinander, durch die Leine verbunden. Wir bekamen einen riesigen Schreck, als der Mann plötzlich hinter uns war – am liebsten wäre der wohl zwischen uns beiden durchgerannt. Natürlich sprang und bellte Frieda, weil sie auch einen Schreck bekommen hatte. Da wollte der Mann die Polizei rufen und mich anzeigen.

Meine Meinung: Am Sonntagmittag sind manchmal Menschen unterwegs, die in der Woche frustriert unter ihrem Chef kuschen müssen, am Wochenende streiten sie sich dann mit ihrem Partner oder sind einsam und gehen joggen. Dann sind die ersten glücklichen Lebewesen, denen sie begegnen, die Opfer ihres Frustes. Das waren wir an diesem Sonntag, und das wollte ich nicht gerne wiederholen. Deshalb hatte ich diesen Waldweg fortan gemieden. Denn es gab da noch ein weiteres Erlebnis:

Auf der langen Forststraße vom Bach bis zu der Brücke, wo wir wieder ins gewohnte Waldgebiet hinein gehen könnten, waren wir mal einem Jogger begegnet, den wir schon von weitem erblickten – Frieda lief damals immer voraus, wohl auch wegen ihres Wachinstinktes. Jedenfalls sah ich damals, wie der Mann einen 2-3 m langen Ast aus dem Wald holte und uns so bewaffnet entgegen kam.

Natürlich war Frieda aufgeregt und ich auch, wir blieben bei dem Mann stehen und ich konnte sie dann wieder anleinen, nachdem sie den Mann mehrmals umrundet hatte. Er herrschte mich an und ich sagte: „Das ist ein Hund, der reagiert nicht auf Knopfdruck."

Er meinte, man dürfe einen Hund im Wald nicht frei laufen lassen – daraufhin googelte ich, dass es gerade in Bayern erlaubt ist:

Bayern ist eines der wenigen Länder, in denen keine gesetzliche Leinenpflicht für Hunde vorgeschrieben ist. Ausnahmen bilden Volksfeste, Märkte, Spielplätze und Sportanlagen, denn dort muss ein Hund, egal welcher Rasse, angeleint sein.

Die Google-Ergebnisse speicherte ich auf meinem Handy, musste sie aber nie mehr benutzen.

Jedenfalls gingen wir an diesem Samstag den altgewohnten Weg mit Conny – ganz entspannt, und wir begegneten niemandem!

Auch dieses Trauma war nun aufgelöst.

Glückliche Begegnungen

Heute Morgen unterhielt ich mich lange mit dem Herrchen einer fünfjährigen Neufundländerhündin, denen wir schon oft im Wald begegnet waren. Er berichtete von ganz ähnlichen Erlebnissen, wie Frieda und ich sie gehabt hatten: etwa von Joggern, die mitten durch die Hundegruppe laufen wollten und – als die Hunde dann entsprechend reagierten – mit Drohungen konterten, sie würden ihn anzeigen!

Er hatte auch die Erfahrung gemacht, dass Jogger und Fahrradfahrer Angst hatten vor dem großen braunen Hund – und deshalb bei Begegnungen extrem aggressiv reagierten. Er sagte wörtlich: „Dabei müssen Sie doch so einem Hund – einem Neufundländer oder auch einem Berner Sennenhund – nur einmal ins Gesicht schauen, um zu sehen, wie friedlich diese Hunde sind, und dass sie niemals jemanden beißen würden."

Jemand mit Mini-Hunden hatte ihn mal gefragt, ob sein Hund bissig wäre – und er hat dann geantwortet: Nein, seine Hündin würde die Kleinen sicherlich nicht beißen, sondern sie mit einem Haps verschlingen! Aber leider gibt es auch unter Hundehalten Menschen ohne Humor.

Gestern Morgen hatten wir eine schöne Begegnung: Frieda lief munter neben mir, bis wir eine Frau entdeckten, die von da kam, wo wir hinwollten, und ich auf den Nebenweg abbog. Ich rief nach Frieda, aber ohne Erfolg. Sie war an der Wegkreuzung stehen geblieben und schaute unbeweglich in Richtung der Frau und ihrem Hund. Also lief ich zurück zu ihr, um nachzuschauen, was denn da los war.

Die nette Frau hatte sich hingehockt und lachte Frieda an, und ihr Hund Merlin war ebenso friedlich. Sie waren also dort stehengeblieben, die Frau hockte am Wegesrand, und da wollte Frieda hin, ließ sich von der Frau kraulen, während Merlin meine Entenfilet-Leckerli schmauste, die so vielen Hunden schmecken! Der Versuch, dass jeder von uns in einer anderen Richtung weiterlief, scheiterte, also gingen wir ein Stück mit Merlin und seinem Frauchen, unterhielten uns, lachten und freuten uns. Erst an der nächsten Wegkreuzung – die beiden gingen in die Richtung, wo wir schon gewesen waren, konnte ich umkehren und Frieda kam dann mit mir, so dass wir unseren Spazierweg fortsetzen konnten.

Vorgestern Nachmittag hatten wir zwei sehr schöne Begegnungen. Auf dem schmalen Pfad, der vom Parkplatz zum Waldweg führt, kam uns der nette Jogger in schwarzer Kleidung entgegen, den wir schon öfter getroffen hatten. Er läuft immer einfach weiter, direkt an Frieda vorbei, und wir beiden gehen dann auch weiter. Einfach so. Da passiert nichts weiter.

Auf dem Rückweg zum Parkplatz gehen wir jetzt immer ein Stückchen auf der Forststraße, wo wir alle entgegenkommenden Menschen und Hunde sehen. Da kam das Herrchen mit dem chinesischen Faltenhund, den wir schon von klein auf kennen – er ist jetzt 9 Monate alt. Und zum ersten Mal gingen wir einfach aneinander vorbei – ohne dass einer von unseren Hunden an der Leine zog und zum anderen hin wollte. Gestern Nachmittag aber waren wir ziemlich spät dran und sahen, wie eine Frau mit einem braunen Hund auf uns zukam – nein, sie blieb dann stehen. Und Frieda auch, sie schaute dorthin zu den beiden, bis ich sie erkannte: das war das Frauchen von dem chinesischen Faltenhund, und bei ihr legt der sich immer hin, wenn ein anderer Hund entgegen kommt. Ich erzählte von unserer Begegnung mit ihrem Mann, wir beiden lachten herzlich, und jeder ging in seiner Richtung weiter.

Wir machten auch wieder Spaziergänge mit Harry und seinem Frauchen – es ist schön, wie Frieda sich an ihm ein Vorbild nimmt. Nur hat sie ab und zu ihren eigenen Kopf – einfach typisch Berner. An einem Morgen sahen wir das Auto von der Frau mit Rudi, einem Mix aus Osteuropa, der so alt wie Frieda ist, aber sich mit Harry wohl nicht verträgt. Und schon hörten wir lautes Gebelle, das Frauchen von Rudi stand mitten im Wald. Denn sie traut sich nicht, ihren Hund mal von der Leine zu lassen, selbst wenn der sein Geschäft erledigen möchte, dann geht sie mit. Seit dem letzten Versuch, mit den beiden zusammen spazieren zu gehen, mache ich das nicht mehr. Es endet immer unangenehm.

Jetzt also bellte Rudi wie von Sinnen, weil er Harry witterte, der aber bei Chris an der Leine war. Meine Frieda fühlte sich wieder mal magisch angezogen von Rudi und seinem Frauchen, das sie schon so oft gekrault hat. Sie dachte gar nicht daran, zu mir zu kommen, damit ich sie an die Leine nehmen konnte. Sie wäre am liebsten zu Rudi hingelaufen, spürte aber, dass Chris und ich in die andere Richtung gehen wollten, um der Begegnung aus dem Weg zu gehen.

Als Frieda das dann endlich merkte und uns hinterher gelaufen kam, war der Grund ein herannahendes Auto auf dem Forstweg – etwas ganz Ungewöhnliches für Frieda. Denn Jogger und Fahrradfahrer auf Waldwegen kennt sie jetzt und nimmt sie meistens auch mit Gelassenheit, aber ein Auto … Sie bellte das Auto an, umkreiste es, und der Fahrer bremste zum Glück, so konnte ich Frieda wieder an die Leine nehmen. Der Schreck saß uns noch in den Gliedern! Doch dann machten wir einen schönen langen Spaziergang mit Chris und Harry auf der anderen Seite der Landstraße, und obwohl wir ein Stück an der Straße entlang gingen – das Auto mit dem laut bellenden Rudi fuhr an uns vorbei – ging Frieda ganz friedlich an der Leine mit mir hinter Chris und Harry her.

Vom Glück eines Sonntagsspaziergangs

Heute Morgen waren wir schon früher wach, haben aber noch ein wenig geschlummert, denn es war neblig! Im Wald spürte ich mit einem Mal, wie glücklich ich bin: Wir sind gesund und heil aus dem Urlaub wieder zu Hause, wir haben ein nettes Paar mit vier kleinen Hunden und zwei freundliche Pilzsucher getroffen. Die kalten Tage scheinen vorbei zu sein, die Sonne kommt vorsichtig heraus, und mein Buch „Leichter leben" wird heute fertig. Mir fallen diese Zeilen aus einem Lied von Rolf Zuckowski ein:

Ich möchte mal wieder
So richtig glücklich sein
Auf Wolken schweben, leichter leben
Und mich auf den Morgen freuen
Ich möchte mal wieder
Mein eigenes kleines Glück
Verlang' nicht viel
Will einfach nur mein leichtes Herz zurück

Heute bin ich glücklich. Ich wünsche euch einen schönen Sonntag.

Goldener Herbst

Heute, am 15.10.2025 erscheint offiziell mein neues Buch „Leichter leben“ – und der heutige Morgenspaziergang war ganz im Sinne dieses Buches!

Wir stehen nun immer erst um 8 Uhr auf und fahren dann nach 9 Uhr zum Wald. Heute kam ein junger Mann mit seinem Hund an, die beiden kennen wir schon fast von Anfang an. Er parkte neben uns und ging zu einem anderen Mann, um sich noch ein wenig zu unterhalten. Sein Hund lief auf dem Parkplatz herum – und als ich Frieda aus dem Auto ließ, lief sie natürlich gleich dorthin.

Die beiden drehten ein paar flotte Runden auf dem Parkplatz, der kleinere Hund war viel schneller als Frieda. Und die ließ sich dann bereitwillig von mir an der Leine nehmen und auf unseren Waldweg führen.

Wir machten einen harmonischen Spaziergang – Frieda läuft jetzt immer ganz eng neben mir – wenn sie nicht gerade im Gebüsch unterwegs ist – und nimmt ein Leckerli nach dem anderen. Vor dem Forstweg schaute sie sich um, ich nahm sie diesmal dort nicht an die Leine. Gestern noch war ein Pilzsammler aus dem Gebüsch gekommen, den hatte sie ein wenig angebellt, aber er konnte voraus laufen und wir bogen dann auf dem Forstweg ab. Heute aber war dort niemand.

Am Ende des Weges sahen wir plötzlich einen kleineren Hund in unseren Weg einbiegen – der hatte sein Herrchen „an der Leine“ – die beiden blieben an der Seite stehen. Frieda bleibt auch immer in großer Entfernung stehen, wenn sie den Hund nicht kennt. Dann lief sie auf ihn zu, reagierte aber sofort, als ich „langsam“ rief.

Der kleine Hund an der Leine hüpfte herum und hätte wohl gerne mit Frieda gespielt, sein Herrchen aber ging weiter – ich bog ab und rief Frieda, die erstmal hinter Mann und Hund herlief. Aber dann kam sie tatsächlich zu mir! Das war ein schöner Erfolg!

Als wir aus dem Waldweg auf den Forstweg zum Parkplatz kamen – dort geht Frieda immer an der Leine – sahen wir zwei Frauen, die wir nicht kannten, mit einem großen Australian Shepherd. Frieda setzte sich brav hin, so wie sie es von Conny gelernt hat, und wir beide schauten zu, bis die Frauen und der Hund auf dem gegenüber liegenden Waldweg verschwunden waren. Dann gingen wir in aller Ruhe zum Auto zurück.

Bei der Ausfahrt vom Parkplatz kam der Mann mit einem kleineren Hund von der anderen Straßenseite – er hatte früher immer über Frieda geschimpft, weil er wohl Angst hatte! Und heute morgen nickte er mir freundlich zu – und ich lächelte aus dem Auto zurück! Ist das nicht schön?

Und noch eine Geschichte – aber dann ist wirklich Schluss!

Heute morgen im Wald habe ich richtig Kraft und Energie getankt – Frieda läuft so schön und hört auch auf mich, wir trafen andere Leute, die sagten: „Oh wie schön, da kommt Frieda", und ihren Hund von der Leine ließen. Ein dritter Hund spielte mit den beiden – kein Herrchen oder Frauchen war zu sehen.

Ich sagte: „Ich kenne einen, dessen Hund immer zum Auto läuft, wenn er mal wegläuft." Ja, und das Herrchen traf ich dann und erzählte ihm, dass sein Hund schon mit Frieda und dem anderen Hund fröhlich gespielt hatte.

Wir kannten uns von Anfang an, sind aber in den vergangenen Monaten immer verschiedene Wege gegangen. Er sagte dann: „Frieda ist ja ein ganz anderer Hund geworden!" Ist das nicht schön?

Das gab mir auch Auftrieb, an meinem Buch „Spaziergänge mit Frieda" weiterzuarbeiten – Vorwort und Einleitung sind schon fertig, und der letzte Spaziergang ist auch beschrieben. Aber der heutige kommt wohl noch dazu.

Denn als wir auf den Weg einbogen, wo ich vor vielen Monaten gestürzt war, kamen uns die zwei Berner Buben mit ihrem Frauchen entgegen. Sie fragte, ob wir noch eine Runde mit ihnen gehen – natürlich! Wir unterhalten uns immer gut, und das gab mir diesmal viel Auftrieb!

Und dann kam uns ein Mann mit Hund entgegen auf dem Waldweg – wir nahmen unsere Berner an die Leine, aber er meinte nur, die kennen sich doch alle. Und es war ein Fest für alle – weil jeder bei dem anderen Herrchen/Frauchen um Leckerli schnorrte.

Vertrauen

Neulich habe ich eine Frau gesehen, die in Richtung unseres Autos schaute. Als ich noch dachte, was die da wohl schaut, sah ich ihren Hund angelaufen kommen – ich dachte, es war ein Beagle. Als wir vom Parkplatz wegfuhren, sah ich, dass sie wohl eine Bekannte getroffen hatte, aus deren Auto zwei Beagles kamen. Freudig berichtete ich meiner Freundin, die auch einen Beagle hat, von diesem „Beagletreffen" im Wald!

Eine Woche später fuhr die Frau mit dem angeblichen „Beagle" direkt nach mir auf den Parkplatz und parkte neben mir. Ich sprach sie an und sagte, dass ich mich neulich so über das Beagletreffen gefreut hätte. Dabei kam aber heraus, dass das alles Bassetthunde waren, die wohl eine gewissen Ähnlichkeit mit Beagles haben.

Jedenfalls vertrugen unsere Hunde sich sofort, liefen bereits am Parkplatz ohne Leine und wir gingen alle Vier ganz geruhsam unsere Morgenrunde. Auch ihr Hund lief die ganze Zeit frei.

Unterwegs unterhielten wir uns – natürlich über uns und unsere Hunde. Sie hatte eine Frau mit einem Fahrrad getroffen, das von zwei schnellen Hunden gezogen wurde – also eine Form von „Cani Cross", genannt „Bikejöring". Die Frau hätte zu ihr gesagt, dass ihre Hunde auf gar keinen Fall nach links und rechts schauen oder Kontakt mit anderen Hunden aufnehmen dürften. Ich fragte nach, weil ich an Chris und Harry dachte, es war aber wohl eine andere Frau. Von Sozialverhalten konnte man wohl bei diesen Hunden nicht sprechen – sie waren dressiert, sich im Team mit ihrem Menschen zu bewegen, und mussten seine Kommandos zum Starten, Anhalten und zur Richtungsänderung sicher beherrschen.

Das Frauchen des Bassetthundes und ich hatten eine völlig andere Vorstellung von der Beziehung zu unserem Hund: Hier geht es vor allem um Vertrauen zwischen Mensch und Hund. Vertrauen statt Dressur – ich dachte daran, dass Chris ihren Harry oft nicht frei laufen lässt, weil sie vermutet, er würde ihr weglaufen. Dann muss er immer an der Leine gehen!

Frieda und der Bassetthund gingen einfach zwischen uns beiden, obwohl wir uns doch an diesem Morgen zum ersten Mal begegnet waren und gleich eine Stunde zusammen durch den Wald gingen.

Ganz am Ende des Weges, kurz bevor ich Frieda immer an die Leine nehme, kamen zwei ältere Leute mit Wanderstöcken und einem freilaufenden Labrador entgegen. Unsere beiden Hunde schauten sich das erst einmal an und beschnupperten den Labrador, der offensichtlich sehr freundlich reagierte, genau wie die Menschen.

Wir beide gingen einfach weiter, und als erste kam Frieda angesaust, nachdem ich sie gerufen hatte, und dann der Bassetthund.

Das ist Vertrauen!

Älter werden, stärker werden

Im Laufe der gemeinsamen Zeit mit Frieda habe ich gelernt, dass Älterwerden nicht bedeutet, schwächer zu werden – im Gegenteil. Es bedeutet, sich selbst besser zu kennen, klarer zu spüren, was man braucht, und mutiger zu Entscheidungen zu stehen, die einem guttun. Mit jedem Spaziergang, jeder Herausforderung und jedem stillen Moment hat sich in mir eine innere Stärke entwickelt, die ich früher nicht kannte.

Selbstvertrauen und Unabhängigkeit sind keine Frage des Alters, sondern des Bewusstseins. Ich lernte, mich von den Erwartungen anderer zu lösen und meinen eigenen Weg zu gehen – auch wenn er ungewöhnlich war. Frieda hat mich daran erinnert, wie befreiend es ist, authentisch zu leben und auf sich selbst zu hören.

Wir wurden ein starkes, vertrauensvolles Team. Die Bindung zu einem Hund ist etwas Besonderes: Sie ist wortlos, ehrlich, tief. Frieda zeigte mir, dass wahre Partnerschaft bedeutet, sich gegenseitig Raum zu geben, Grenzen zu respektieren und gemeinsam zu wachsen. Aus dieser Erfahrung entstand für mich eine Lebensphilosophie: auf sich selbst achten, das Leben bewusst genießen und jeden Tag als Geschenk sehen.

Wenn ich auf unseren gemeinsamen Weg zurückblicke, erfüllt mich tiefe Dankbarkeit. Frieda hat mich gelehrt, langsamer zu werden, bewusster zu leben und das Wunder des Moments zu erkennen. Sie hat mir gezeigt, dass Veränderung möglich ist – zu jeder Zeit, in jedem Alter.

Dieses Buch soll Mut machen. Mut, den eigenen Weg zu gehen, auch wenn andere ihn nicht verstehen. Mut, an sich selbst zu glauben und auf die innere Stimme zu hören. Und Mut, das Leben immer wieder neu zu beginnen.

Älter werden heißt wachsen. Es heißt, neue Kraft zu entdecken, neue Perspektiven zu gewinnen und das Leben mit offenen Armen zu empfangen. Frieda und ich haben unseren Weg gefunden – und ich wünsche dir, liebe Leserin, lieber Leser, dass du deinen ebenso findest.

Connys Nachwort: Andere haben Tattoos …

Mein Weg mit Frieda war alles andere als langweilig. Am Anfang stolperten wir beide noch über kleine und große Herausforderungen, und manchmal gab es auch Unstimmigkeiten zwischen Beate und mir.

Es war nicht immer einfach, aber wir haben gelernt, miteinander ehrlich umzugehen.

Frieda und ich näherten uns Schritt für Schritt an, lernten einander kennen und bauten Vertrauen auf. Frieda meisterte ihre wilde Teenagerzeit mit Bravour, und heute sind unsere Spaziergänge meist entspannt, voller Freude, Nähe und gemeinsamer Momente.

Bis heute bleibt jede Begegnung mit dem Berner Mädel auch ein kleines Abenteuer. Wenn ich Frieda abhole, fahre ich mit dem Aufzug direkt in Beates Wohnung. Hinter der Tür höre ich sie schon sehnsüchtig fiepen – und kaum ist sie geöffnet, stürzt sie auf mich zu.

„Sie hat sich so auf dich gefreut", empfängt mich Beate lachend, während Frieda wie ein 40 Kilo schwerer Teddybär auf mich zustürmt, ein charmant-wildes Berner-Überfall-Erlebnis. „Oh, Frieda, du bist wahrhaft umwerfend", denke ich mir dann und bemühe mich, nicht umzufallen.

Oft entdecke ich Tage später blaue Flecken an meinen Beinen, doch sie verschwinden schnell. Andere haben Tattoos, ich aber habe Zeichen der Freude und Energie dieses tapsigen Vierbeiners, der jeden Spaziergang zu einem unvergesslichen Erlebnis macht.

Beates Nachwort

Wenn ich heute auf die vergangenen drei Jahre mit Frieda zurückblicke, dann sehe ich eine Reise voller kleiner und großer Wunder. Als sie zu mir kam, konnte ich nicht ahnen, wie sehr dieses lebhafte Hundemädchen mein Leben verändern würde. Aus den ersten, manchmal stürmischen Monaten wurde eine tiefe, vertrauensvolle Verbindung – eine Freundschaft, die mich lehrte, das Leben noch einmal mit neuen Augen zu sehen.

Unsere Spaziergänge sind längst mehr als Bewegung an der frischen Luft. Sie sind zu Momenten des Innehaltens, der Dankbarkeit und der inneren Klarheit geworden. Jeder Weg durch den Wald, jeder Schritt am Strand, jede Wanderung in den Bergen hat mich gelehrt, dass Stärke oft in der Ruhe liegt – und dass wir alles schaffen können, wenn wir an uns glauben und unseren eigenen Weg gehen.

Besonders in der Zeit nach meinem Sturz, als ich körperlich eingeschränkt war, zeigte sich, wie tief unser Vertrauen gewachsen war. Frieda passte sich an, wurde achtsam, blieb doch voller Lebensfreude. Und ihre Hundepatentante Conny, die uns in dieser Zeit begleitete, wurde nicht nur zu einer wertvollen Hilfe, sondern auch zu einer lieben Freundin. Diese Zeit hat mir gezeigt, dass wahre Stärke nicht bedeutet, alles allein zu schaffen, sondern offen zu sein für Unterstützung, Freundschaft und Liebe.

Frieda hat mich gelehrt, das Leben im Augenblick zu genießen – und dass Älterwerden keine Einschränkung ist, sondern eine Chance. Eine Chance, bewusster zu leben, klarer zu spüren, und das Wesentliche zu erkennen. Heute bin ich dankbar für alles, was war – für Senta, die den Grundstein legte, und für Frieda, die mein Herz erneut geöffnet hat.

So ist dieses Buch auch eine Einladung an dich, liebe Leserin, lieber Leser: Geh hinaus, öffne dich für die kleinen Wunder, die jeden Tag auf dich warten. Vertraue darauf, dass Veränderung immer möglich ist

– egal, wie alt du bist. Denn das Leben hält immer wieder Neuanfänge bereit, wenn wir bereit sind, sie zu entdecken.

Beate Forsbach
mit Frieda, meiner treuen Gefährtin und Lehrmeisterin des Lebens

Und nun noch eine Impression zum Schluss

Heute, am 24. Oktober, ist ein typischer Herbsttag, es regnet, die Blätter fallen und ein frischer Wind weht. Zu Beginn unseres Morgenspaziergangs sagte ich zu Frieda: „Manchmal beginnt das Leben noch einmal ganz neu – mit einem Spaziergang." Wir liefen gemächlich durch das feuchte Laub, der Regen rauschte durch die Bäume, und die Blätter wehten herunter.

Auf dem Weg, wo ich vor über einem halben Jahr durch Unachtsamkeit über eine Astwurzel gestolpert war, lief ich besonders achtsam, schaute immer zwei Schritte voraus und achtete auf den Weg.

Mit einem Mal kamen mir Teile eines Liedes in den Sinn, das mit Herbst begann und von Reinhard Mey war. Zuerst dachte ich an „Herbstlaub", dann an „Herbstwind", nach und nach erinnerte ich mich an immer weitere Teile und ich konnte die Melodie schon mitsingen. Im Auto googelte ich auf meinem Handy und fand das Lied „Herbstgewitter über Dächern", das wir dann auf der Heimfahrt im Auto hörten:

Herbstgewitter über Dächern
Schneegestöber voller Zorn
Frühjahrssturm im Laub vom Vorjahr
Sommerwind in reifem Korn
Hätt' ich all das nie gesehen
Säh' für alles and're blind
Nur den Wind in deinen Haaren
Sagt' ich doch, ich kenn' den Wind

Wie angenehm war doch dieser Herbstspaziergang mit Frieda, auch wenn wir nass zu Hause ankamen und uns erst einmal abtrocknen bzw. umziehen mussten. So habe ich tatsächlich das Gefühl, dass das Leben mit unserem Spaziergang noch einmal ganz neu beginnt.

Und noch ein Foto zum Schluss

Spaziergang am 29. November 2025

Auswahlbibliographie

Arce, José: *Gassigehen kann so viel mehr sein …* In: Partner Hund, April 2023, S. 14-18

Arce, José: *José Arce's Praxisbuch. Individuelle Wege zum perfekten Mensch-Hund-Team.* Gräfe und Unzer Verlag, München 2016

Arce, José: *José Arce's Welpenbuch. Ein gutes Team von Anfang an – erziehen mit Bauchgefühl.* Gräfe und Unzer Verlag, München 2017

Arce, José: *Mensch & Hund. Durch Verantwortung Liebe und Sicherheit schenken.* Franck-Kosmos Verlag, Stuttgart 2022

Arce, José: *Meine 5 Geheimnisse für eine glückliche Mensch-Hund-Beziehung.* Gräfe und Unzer Verlag, München 2014

Both, Sarah: *Abenteuer Hundebegegnungen. Andere Hunde treffen ohne Stress. Leinenaggression beheben – Impulskontrolle steigern.* Verlag Herz & Verstand, Wiehl 2022

Daerr, Frauke: *Einmal Berner – Immer Berner. Das Leben mit einem Berner Sennenhund.* Mit einem Geleitwort von Dr. Beate Forsbach. Edition Forsbach, Bamberg 2025

Forsbach, Beate: *Der Himmel hat einen neuen Stern. Abschied vom Seelenhund.* Edition Forsbach, Bamberg 2022

Forsbach, Beate: *Senta & ich. Vom Glück des Lebens mit einem Hund.* Edition Forsbach, Bamberg 2023

Forsbach, Beate; Daerr, Frauke: *Und dann kam Frieda. Ein etwas anderes Welpenbuch.* Mit einem Geleitwort vom Hundeexperten José Arce. Edition Forsbach, Bamberg 2024

Danke

Dieses Buch verdankt anderen Menschen sehr viel, vor allem auch vielen Menschen mit ihren Hunden. Nicht alle habe ich in meinem Buch erwähnt, aber ich habe an alle gedacht und mich an unsere schönen Erlebnisse erinnert.

So bedanke ich mich für eure Freundschaft und besondere Momente: Marion mit Kiko, Karin mit Malea, Michaela mit Mexchen & Cara, Christine mit Alfie, Brigitte mit Finchen, Silke mit Wilma und alle Mitglieder unserer Gruppe Berner 2022 Nike/Daisy, Frauke mit ihrem Hunderudel, Gaby mit Mini & Cleo, Ellen und Wolfgang mit Zeisl und Andy, Helena mit Caesar, Marion mit Zino & Tamme, Regina und Alfred mit Joschi. Ich bedanke mich bei all den Hundefreunden aus dem Wald mit ihren Hunden, deren Namen ich gar nicht alle weiß.

Ich bedanke mich ganz herzlich bei dir, liebe Conny, du bist nicht nur als Friedas Hundepatentante durch dick und dünn mit uns gegangen, sondern du bist auch eine gute Freundin für mich geworden, auf die ich mich immer verlassen kann. Ganz besonders dankbar bin ich für deinen Einsatz während meiner Zeit der Heilung vom Schulterbruch – diese Wochen werden wir sicher nie vergessen! Natürlich freue ich mich auch sehr, dass du dieses Buch mit mir geschrieben hast!

Dankbar bin ich unseren Freunden in Bamberg, auf Fehmarn und in Armentarola, und auch all den bekannten und unbekannten Menschen, die auf Facebook so großen Anteil genommen haben, als es hieß: „Und dann kam Frieda."

Meinem Mann Hans Christian bin ich dankbar für seinen lebenslangen Wunsch nach einem „Hündchen" und seiner Liebe zu Senta. Ohne ihn hätte ich Senta nie in unser Leben geholt. Meiner Seelenhündin Senta bin ich dankbar für viele glückliche gemeinsame Erlebnisse. Von jenseits der Regenbogenbrücke hat sie mir Frieda geschickt.

Ich bedanke mich ganz herzlich bei dir, liebe Frauke, dass du mir Frieda ohne Bedenken anvertraut hast. Bereits am ersten Abend unseres Kennenlernens hast du den Titel unseres gemeinsamen Buches geprägt: *Und dann kam Frieda*. Und nun hast du bereits dein erstes eigenes Bernerbuch geschrieben.

Ich danke meinen Freunden und Nachbarn, die mich nach meinem Schulterbruch Mitte April unterstützt und damit motiviert haben, die Arbeit an diesem Buch so früh wie möglich aufzunehmen. Und so konnte ich bereits fünf Wochen nach dem Sturz – an meinem 73. Geburtstag – wieder Auto fahren und Frieda führen.

Ein Dankeschön und ein Leckerli geht an meine Berner Sennenhündin Frieda: Sie ist sehr geduldig und weiß, wann es besser ist, Frauchen nicht beim Schreiben und Telefonieren zu stören. Sie macht mich aber stets deutlich darauf aufmerksam, wenn wieder ein Waldspaziergang angebracht ist oder sie der Meinung ist, ich sollte den Computer mal abstellen und mich in den Sessel setzen.

Bamberg, im November 2025 Beate Forsbach

Frieda, das Verlags-Maskottchen

Zu den Autorinnen

Beate Forsbach, Dr. phil., geb. 20. Mai 1952 in Weddinghusen/Norderdithmarschen, lebt mit der Berner Sennenhündin Frieda in der Weltkulturerbestadt Bamberg.

Sie schreibt und publiziert seit über 38 Jahren mit großer Leidenschaft.

Sie ist Autorin von bislang 33 Büchern, mit denen sie das Leben für die Leser etwas besser machen möchte.

Sie berät Menschen, die ein eigenes Buch veröffentlichen möchten und unterstützt sie auf dem Weg von der Idee bis zur Publikation, auch in wissenschaftlichen Buchprojekten. Sie hilft angehenden Autoren, ihren Traum vom eigenen Buch zu verwirklichen und ihre einzigartige Geschichte in einem Buch zu veröffentlichen.

In den letzten 18 Jahren hat sie mehr als 800 Autoren und angehende Autoren begleitet, ihre Sichtbarkeit und ihren Expertenstatus durch ein Buch deutlich zu steigern.

Selbstständige, Coaches, Trainer, Ärzte, Therapeuten und andere Unternehmer sind mit Spaß und Leichtigkeit gemeinsam mit ihr ihren Weg des „Erfolgs mit Herz" gegangen, um ihr erstes, fünftes oder 20. Buch zu schreiben, zu veröffentlichen und zu vermarkten.

Durch ihr exklusives 1:1 Mentoring-Programm und ihr Onlineprogramm schaffen es ihre Kunden, ihren Traum vom eigenen Buch zu verwirklichen.

Unter dem Motto *Bücher mit Herz* produziert sie in ihrem eigenen Verlag, der Edition Forsbach in Bamberg, Bücher mit positiven Gedanken für ein positives, gelingendes Leben.

Kontakt:

Dr. Beate Forsbach

Küchelstraße 9
96047 Bamberg

Telefon: +49 951 96439936
E-Mail: info@beateforsbach.de

Persönliche Homepage: www.beateforsbach.de
Edition Forsbach: www.edition-forsbach.de

Conny Lobe, geboren 27.2.1966, lebt mit ihrer Familie in Bamberg.

Sie studierte Germanistik und Kommunikationswissenschaften und arbeitete viele Jahre in Werbeagenturen und Verlagen.

Heute widmet sie sich mit Leidenschaft nicht mehr nur den Texten, sondern vor allem den Vierbeinern:

Sie führt Hunde aus, versorgt Katzen – und ihre Patenhündin Frieda hat dabei einen besonderen Platz in ihrem Herzen.

Kontakt:
Conny Lobe
Telefon: +49 151 25812105
E-Mail: connylobe@t-online.de

Beate Forsbach & Frauke Daerr:

Und dann kam Frieda
Ein etwas anderes Welpenbuch

Geleitwort von José Arce

ISBN 978-3-95904-132-4
Edition Forsbach 2024

Hundemama mit 70

Als meine Seelenhündin Senta starb, schien die Welt unterzugehen und ich konnte mir kaum vorstellen, wieder einen neuen Berner Sennenhund zu haben.

Bis zu dem Tag, gut einen Monat nach meinem 70. Geburtstag, als ich die *Berner Sennenhunde von Delingsdorf* mit ihrer Züchterin *Frauke Daerr* entdeckte.

Es hatte gefunkt – und schon am selben Abend schrieb Frauke mir zu meinem Buch *Senta & ich*: Und enden wird es mit dem Kapitel *Und dann kam Frieda ...*

In diesem Buch beschreibe ich meine Vorbereitung auf Frieda, die aufregende und turbulente Welpenzeit, die Erlebnisse mit der temperamentvollen Junghündin sowie viele Glücksmomente.

Gemeinsam mit der Züchterin Frauke Daerr gebe ich praktische Tipps, insbesondere für ältere Menschen, die noch einmal einen Welpen großziehen möchten. Denn „zu alt" ist man erst, wenn man sich nicht mehr verändern möchte und einem der Lebensmut abhanden gekommen ist.

Der Hundeexperte José Arce hat das Geleitwort zu diesem Buch geschrieben. Sein Welpenbuch war sehr hilfreich für mich. Danke!

Frauke Daerr:

Einmal Berner – Immer Berner
Das Leben mit einem Berner Sennenhund

Geleitwort von Dr. Beate Forsbach

ISBN 978-3-95904-281-9
Edition Forsbach 2025

Als der liebe Gott den Berner Sennenhund erschaffen hatte, lehnte er sich zurück und lächelte

Ich kann ihn gut verstehen – denn mittlerweile begleiten mich sechs dieser wundervollen Hunde durch mein Leben. In diesem Buch erzähle ich, wie ich zu meiner großen Liebe – den Berner Sennenhunden – gefunden habe. Ich zeige, was diese besondere Hunderasse ausmacht, was sie so liebens-würdig macht – und warum sie für mich die perfekten Herzenshunde sind. Mit kleinen persönlichen Geschichten und berührenden Momenten gebe ich Einblick in das Leben mit einem Berner – von der Geburt bis zum Abschied über die Regenbogenbrücke.

Berner Sennenhunde sind selbstsichere, gutmütige, offene und freundliche Begleiter mit ausgeprägtem Wachinstinkt, ohne aggressiv zu sein. Sie eignen sich als zuverlässige Haus- und Hofhunde ebenso wie als treue Familienmitglieder, wenn sie liebevoll sozialisiert und ausgelastet werden.

Mein Wunsch ist es, mehr Menschen für diese traumhafte Hunderasse zu begeistern – für ihre ruhige Ausstrahlung, ihre bedingungslose Treue und ihre unerschütterliche Freundlichkeit.

Dr. Beate Forsbach – eine begeisterte Berner-Liebhaberin und Besitzerin der Hündin Frieda – hat das Geleitwort zu diesem Buch geschrieben.

Beate Forsbach:

Senta & ich
Vom Glück des Lebens mit einem Hund

ISBN 978-3-95904-110-2
Edition Forsbach 2023

Eine glückliche Mensch-Hund-Beziehung

Eigentlich wollte ich nie einen Hund haben. Ich hatte Senta in unser Leben geholt, weil mein Mann Hans Christian schon immer einen Hund haben wollte. Und als er gestorben war, hätte ich Senta am liebsten weggegeben.

Und dann wurde sie mein Seelenhund und ich konnte mir ein Leben ohne sie gar nicht mehr vorstellen.

Aber das passierte nicht über Nacht. Stattdessen fand ich jeden Tag ein kleines bisschen besser in meine neue Rolle als Hundefrauchen hinein.

Mein Leben bekam einen neuen Sinn und eine tiefgehende, neue Klarheit.

Bis zu dem Tag, als Senta starb – da schien die Welt unterzugehen. Doch am Himmel gab es einen neuen Stern, der mir Mut und Zuversicht zublinkte.

So handelt das letzte Kapitel von meiner Entscheidung für einen neuen Hund: ... und dann kam Frieda.